建设新农村农产品标准化生产丛书

甘草标准化生产技术

安文芝　蔺海明　编著

金盾出版社

内 容 提 要

本书由甘肃农业职业技术学院和甘肃农业大学专家编著。内容包括:标准化生产的概念和栽培甘草的意义,甘草种质资源和标准化生产的品种选择,甘草标准化生产的种子鉴别和播种育苗、产地环境与肥料管理和水分调控,甘草标准化生产的病虫草害控制,甘草标准化生产的采收、加工及贮藏,甘草产品的规格标准和质量标准。内容丰富、技术规范、通俗易懂,可操作性与科学性强,适合农村中草药种植户及专业技术人员阅读,对农业院校师生、科研和标准化管理人员亦有参考价值。

图书在版编目(CIP)数据

甘草标准化生产技术/安文芝,蔺海明编著.—北京:金盾出版社,2008.6
(建设新农村农产品标准化生产丛书)
ISBN 978-7-5082-5046-5

Ⅰ.甘… Ⅱ.①安…②蔺… Ⅲ.甘草-栽培-标准化 Ⅳ.S567.7

中国版本图书馆CIP数据核字(2008)第040213号

金盾出版社出版、总发行
北京太平路5号(地铁万寿路站往南)
邮政编码:100036 电话:68214039 83219215
传真:68276683 网址:www.jdcbs.cn
封面印刷:北京金盾印刷厂
正文印刷:北京天宇星印刷厂
装订:北京华正印刷有限公司
各地新华书店经销

开本:787×1092 1/32 印张:5.75 字数:123千字
2008年6月第1版第1次印刷
印数:1—10000册 定价:9.00元

序　言

随着改革开放的不断深入，我国的农业生产和农村经济得到了迅速发展。农产品的不断丰富，不仅保障了人民生活水平持续提高对农产品的需求，也为农产品的出口创汇创造了条件。然而，在我国农业生产的发展进程中，亦未能避开一些发达国家曾经走过的弯路，即在农产品数量持续增长的同时，农产品的质量和安全相对被忽略，使之成为制约农业生产持续发展的突出问题。因此，必须建立农产品标准化体系，并通过示范加以推广。

农产品标准化体系的建立、示范、推广和实施，是农业结构战略性调整的一项基础工作。实施农产品标准化生产，是农产品质量与安全的技术保证，是节约农业资源、减少农业面源污染的有效途径，是品牌农业和农业产业化发展的必然要求，也是农产品国际贸易和农业国际技术合作的基础。因此，也是我国农业可持续发展和农民增产增收的必由之路。

为了配合农产品标准化体系的建立和推广，促进社会主义新农村建设的健康发展，金盾出版社邀请农业生产和农业科技战线上的众多专家、学者，组编出版了《建设新农村农产品标准化生产丛书》。“丛书”技术涵盖面广，涉及粮、棉、油、肉、奶、蛋、果品、蔬菜、食用菌等农产品的标准化生产技术；内容表述深入浅出，语言通俗易懂，以便于广大农民也能阅读和使用；在编排上把农产品标准化生产与社会主义新农村建设巧妙地结合起来，以利农产品标准化生产技术在广大农村和广大农民群众中生根、开花、结果。

我相信该套“丛书”的出版发行，必将对农产品标准化生产技术的推广和社会主义新农村建设的健康发展发挥积极的指导作用。

王连铮

2006 年 9 月 25 日

注：王连铮教授是我国著名农业专家，曾任农业部常务副部长、中国农业科学院院长、中国科学技术协会副主席、中国农学会副会长、中国作物学会理事长等职。

前　　言

甘草是世界自然基金全球14个重点保护物种之一，列为重点保护的野生动、植物药材，属二级保护品种。甘草被誉为药中之王，是常用大宗药材，国家中医药管理局将甘草列为重点管理的四大药材之一。随着国内外需求量增加、市场走俏，各方争相抢购，其价格一路走高，由20世纪70年代的每千克0.2元提高至20世纪90年代的每千克10.2元，增长了50倍。随着改革开放的进一步深入，我国甘草在国际市场的销量也逐年增加，出口量和价格也一路走俏，出口量由20世纪80年代的1.2万吨，增加至20世纪90年代的3.5万吨，增长了190%；价格也由每千克0.7美元，提高至每千克3美元，增长了3.3倍。从国际市场需求量看，日本每年从我国进口甘草10 723吨；美国年均进口甘草22 482吨、甘草膏1 280吨；全球甘草需求量约27万吨，我国目前年出口仅为6万吨。为此大力发展甘草产业，并走向标准化生产，是我国甘草业发展的必由之路。

"甘草标准化生产技术"的主要内容有标准化生产的概念和栽培甘草的意义、甘草种质资源和标准化生产的品种选择、甘草标准化生产的种子鉴别和播种育苗、甘草标准化生产的肥料管理和水分调控、甘草标准化生产的病虫草害控制、甘草标准化生产的采收加工及贮藏、甘草产品的规格标准和质量标准等，还引用了一些具有实际生产意义的最新研究成果，以提高其科技含量和前瞻性；同时，制定了直播甘草规范化种植标准操作规程(SOP),对生产甘草的药农具有一定的指导和借鉴意义。书中所提到的农药、化肥施用时期、浓度、方法和用量,都会因地区、品种、生长时期和施用方法而有一定的差异和变化,使用者应结合当地情况灵活应用。

编写中力求言简意赅、通俗易懂、文图并茂。基于这种理念,在写作《甘草标准化生产技术》的过程中力争做到让广大药农看得懂、用得上和见效快;同时,为给从事甘草生产技术研究的科技工作者提供参考,力争使其具有科学性、资料性和实用性,突出了服务于农民、服务于农业和服务于新农村建设。

在本书与广大药农和从事甘草研究的广大读者见面之际,觉得无比欣慰,深感完成了一件有益于社会、特别能服务于广大药农生产、生活的公益事业。在此,对关心和支持本书撰写和出版的各级领导、出版单位、原作者及提供资料的专家学者表示衷心的感谢。

农业标准化生产的研究在我国处于初级阶段,许多工作尚未成熟,特别具体到甘草标准化生产方面的研究更显不足,给本书的撰写带来了困难;加之笔者的水平有限,时间仓促,书中难免不妥之处,敬请读者不吝指正。

编 著 者

2007年12月

目　录

第一章　标准化生产的概念和栽培甘草的意义

一、标准化生产的概念

中药材标准化生产，是以国家药品监督局颁发的《中药材生产质量管理规范(GAP)》为标准，按照中药材规范化种植技术操作规程(SOP)规范各生产管理环节，组织生产中药材，可称为无公害中药材或绿色中药材。在按中药材标准化生产的中药材中，农药残留、重金属、亚硝酸盐及其他对人体有害物质的含量均应符合相关标准，能充分发挥医疗和保健功能。

"无公害"、"无污染"只是一个相对的概念，在自然界中实际上没有绝对无公害、无污染的食品产品。因此，无公害中药材只是在生产过程中把污染的程度限定在控制标准以内，基本达到安全、卫生、有利于人体健康。无公害中药材从种植地到生产出产品的全程均体现在安全性、卫生性俱佳的绿色食品准则上。

所谓"公害"乃指人类在生产、生活活动中，对自身环境造成的公共危害。这种危害是工业革命以来逐渐形成的，到20世纪60年代以后显得越来越突出。公害还可以造成间接危害，并可误杀天敌，使生态环境恶化；无公害食品是指食品产地环境、生产过程和产品质量要符合国家标准和规范，经认证合格获得认证证书，并使用无公害农产品标志的食品。

我国在农产品生产中提倡生产无公害食品、绿色食品和有机食品，应该说三者都属于安全食品。但三者标准不同，有人用金字塔来比喻，说无公害食品位于底部，绿色食品居中，有机食品居于顶端，其共同点均是从食品和生态安全的理念出发，提倡食品安全。无公害食品的生产是建立在常规农业的基础上，通过从农田到餐桌的全程安全质量控制，使产品达到无公害食品的要求，实现无公害食品生产规范化，消费大众化，人人都可放心食用的无公害食品。无公害食品生产并不完全拒绝使用化学合成物，但强调对环境和农产品不能造成污染，要绝对符合国家相关标准；绿色食品是指在生产、加工过程中按照绿色食品的标准，禁用或限制使用化学合成的农药、肥料、添加剂等生产资料及其他可能对人体健康和生态环境产生危害的物质，并实行"从土地到餐桌"质量控制。绿色食品分为A级和AA级，AA级绿色食品与有机食品遵守相同的原则和标准。绿色食品生产是依托于有限地使用人工化学品的可持续产业，追求经济效益与生态效益结合的双重效应，绿色食品的标准要高于无公害食品，其生产过程的控制和产品质量的要求相对严格；而有机食品则是源于拒绝使用化学合成物的有机农业，我国有机食品的生产已与国际有机食品体系接轨，经认证生产的有机食品可以直接出口。

无公害中药材是一类卫生、安全的中药原料，具有无毒、无害和能保持人体健康的特点。提倡无公害、无污染"绿色药材"的生产，是我国中药材标准化生产最基础的要求。按照中药材标准化生产的无公害中药材与普通中药材有着严格的区别：一是无公害中药材生产基地环境洁净，产地的土壤、水质和空气中所含有的有毒物质必须控制在限定量以下，保证连续生产出无污染的中药材产品；二是无公害中药材生产技术严格，最大限度使中药材产品无毒、无害。无公害中药材的生产提倡使用腐熟的有机肥和生态肥料，控制化肥施用量，利用生态防治、生物防治、物理防治和农业防治的方法，防治病、虫、草害，严禁使用高毒、高残留农药，限量、限时使用一般化学农药，严格控制化学肥料使用量。禁止用未经处理的污水灌溉，不用人工合成植物生长调节剂，避免在生产过程中有毒、有害物质转移到中药产品中；三是无公害中药材产品实行化学分析和定期检测，产品达到卫生质量标准，且在产品包装、运输和销售过程中也要进行跟踪检测，防止中药产品二次污染，实行中药材产品生产质量追溯制度。

甘草生产必须执行中药材生产标准，按照规范种植、采收、加工、管理和销售，以满足对甘草的药用、食用和工业用的需求。

二、栽培甘草的意义

（一）甘草用途广泛

1. 广泛用于医学领域 甘草被誉为药中之王，是常用的大宗中药材，国家中医药管理部门将甘草列为重点管理的四大药材之一。作为“十方九草，无草不成方”的重要中药材，甘草含有100多种有效化学成分，被美国、日本等国家称为“仙草”、“神草”，在医疗和制药上有着广泛的用途。中医认为，甘草能补脾益气、清热解毒、祛痰止咳、缓急止痛、调和诸药。用于脾胃虚弱、倦怠乏力、心悸气短、咳嗽痰多、四肢疼痛、痈肿疮毒和缓解药物毒性等。能治疗消化性溃疡病如胃溃疡、十二指肠溃疡；能防治急慢性甲型、乙型、非甲乙型肝炎；支气管哮喘；肺结核；抑郁症；白塞病（又称口、眼、生殖器综合征）；血栓性静脉炎；还能解食物中毒，减弱药物毒副作用，消炎抗菌；降压、降血脂；抗病毒及抗非典型肺炎病毒；并能预防艾滋病、高脂血症、皮肤癌、肝癌等疾病，具有增强细胞免疫功能等作用。

2. 广泛用于食品业领域 甘草提取物是很好的甜味剂、乳化剂和矫味剂。提取物中的甘草甜素（甘草酸的钾盐、钠盐）甜味比蔗糖甜数十倍，并且具低热值和保健功能，是迄今为止发现的最好的天然甜味剂。在食品工业上可用于制作糕点、蜜饯及口香糖等糖果。酱油、酱菜等腌制品或调味品中加入甘草甜素，具有掩盖盐味，引出鲜味的盐熟效果。甘草酸也是一种天然乳化剂，可用于起泡沫的饮料及味浓、性烈的甜酒生产中，能增加酒味中的香度；在面包、蛋糕、饼干等食品中应用，有疏松增泡、增加柔软性等效果。香烟内拌入甘草能降低缓解烟毒，吐物清香。用甘草腌制的凉果，如话梅、话李、甘草榄、甘草金橘、甘草杏脯、甘草柠檬等，不仅甜味适口，而且还有止咳化痰之功效。

3. 广泛用于保健品和化妆品领域 甘草具有抗炎、抗过敏、抗菌、止痒、保湿、软化皮肤、防止产生头屑、生发护发等功效。日本化妆品制造业利用甘草的抗炎和助溶特性，研制出多种爽感、透明、黏着性及生理性效应俱佳的化妆品。甘草提取物可用于膏、霜、水、露、乳液、奶类和蜜类等所有化妆品和沐浴液，可以中和或解除和减少化妆品的有毒物质，也可以防止有些化妆品的变态反应，更适用于高级发用或肤用化妆品。

4. 广泛用于工业领域 生产甘草浸膏或75%甘草酸铵后的甘草废渣，含有大量有医用和经济价值的黄酮类化合物及少数的甘草酸。甘草废渣经处理后得到的浸渍液除可用于精制抗菌、抗氧化剂医用外，还可以用作石油钻井液的稳定剂及灭火器的泡沫剂，或作为配制杀虫药用的可湿剂、扩散剂、黏着剂；也可以用来制造墨汁、皮鞋油。印染业利用它的渗透作用可使染色均匀、艳美。

5. 广泛用于饲料及畜牧业领域 甘草是豆科甘草属多年生草本植物，固氮作用较强，对提高土壤肥力有较大作用。且甘草茎叶中含有动物所需的多种微量元素，适口性强，为一种优良的豆科牧草，现蕾前骆驼喜食其茎叶，绵羊、山羊也采食，收获的甘草茎叶是各种家畜较优质的饲草。研究表明：现蕾期的甘草茎叶中含粗蛋白质 12.87%、粗脂肪 2.45%、粗纤维 26.98%、无氮浸出物 40.69%、粗灰分 9.13%、水分 7.88%。人工甘草生长第二年后，地上茎叶生长茂盛，如果生长期 1 年刈割 2 次，一般可每公顷产鲜草 7 850～11 750 千克，风干后每公顷可获 3 796～4 883 千克干草，按每只羊单位年采食量 1 227 千克计，可饲喂 6.4～9.6 只绵羊单位。因此，种植甘草和养殖业有机地结合起来，其综合效益更为显著。

采收后的甘草须根因和甘草有同等的药用价值，经过洗刷干净晾干后打成粉，可作为动物的饲料添加剂；甘草经提取甜素后，剩余的残渣可作食用菌的培养基，进行食用菌生产。

（二）野生甘草资源濒临短缺

我国商品甘草主要来源于内蒙古、宁夏、甘肃和新疆等地的野生资源。近年来，随着野生资源的枯竭，人工栽培的甘草面积逐年增加。甘草的购销量一直呈上升趋势：1972 年收购 2.1 万吨，比 1956 年的 0.4 万吨增长 4.3 倍；1983 年收购 3 万吨，比 1972 年收购量增长 43%；1993 年收购 4.5 万吨，比 1983 年增长 50%。进入 21 世纪以来，国内外甘草需求量急增，销售价格也涨幅较大。甘草的丰厚利润诱发了对野生甘草的大量采挖，使野生资源遭到严重破坏，甘草主产区野生资源面积急剧下降。如内蒙古鄂尔多斯市，20 世纪 50 年代生长面积为 120 万公顷，到 20 世纪 80 年代面积不足原来的 1/4。宁夏原来有丰富的甘草资源，因连年掠夺性采挖，蕴藏量大大减少，特别是 1993 年 4 月份的甘草大战，滥挖甘草超过 2 000 万千克，严重破坏了当地的生态环境和草原植被，造成草原大面积沙化。现在的野生资源蕴藏量比 20 世纪 50 年代减少近 2/3。甘肃的野生甘草由于超强度的掠夺性采挖，资源已近枯竭，导致草地退化和沙化，植被覆盖度急剧下降，加剧了水土流失和土地的沙漠化。

甘草资源短缺已成为一个世界性的问题。两伊战争后，各国均终止甘草出口，美国、俄罗斯等国为保护本国生态环境，制定了严格禁止甘草采挖和出口的保护政策，而美、日及欧洲各国的化工、制药和食品等工业都需要大量的甘草。很多国家为保护甘草资源，宁可高价进口，也不采挖本国资源。

(三)国家采取措施重点保护甘草资源

甘草是世界自然基金会全球 14 个重点保护物种之一，是我国重点保护的野生植物药材，属二级保护品种。1987 年 10 月国务院发布了《关于野生药材资源保护管理条例》的通知(国发[1987]96 号)；2000 年 1 月国务院颁布了《关于禁止采集和销售发菜，制止滥挖甘草和麻黄草有关问题的通知》(国发[2000]13 号)；2000 年 9 月国家经贸委发布了《关于保护甘草麻黄草药用资源，组织实施专营和许可制度的通知》(国经贸医[2000]882 号)；2001 年 7 月卫生部发布了《关于限制以甘草、麻黄草、苁蓉和雪莲等固沙植物及其产品原料生产保健食品的通知》(卫法监发[2001]188号),要求按照“先国内后国外、先人工后野生、先药用后其他”的原则,优先安排人工种植甘草、麻黄草等药材供应国内市场,适量安排出口,限制饮料、食品、烟草等非医药产品使用国家重点管理的野生药材资源,严格制止采挖野生甘草,以防止对生态环境的破坏。国家如此重视一种植物资源的保护和利用,在我国史无前例,一方面表明了国家对药用植物资源保护的重视态度,另一方面也说明甘草资源量日趋短缺的严重性和保护生态环境的重要性。因此,在保护现有甘草资源的前提下,大力发展人工种植甘草,半野生化栽培是实现甘草野生资源可持续利用的有效措施。

(四)甘草标准化生产势在必行

由于国内、外需求量增加,市场走俏,各方争相抢购,价格一涨再涨,从20世纪70年代每千克0.2元提高至20世纪90年代每千克10.2元,增长了50倍。随着改革开放的进一步深入,我国甘草在国际市场的销量也在逐年增加,年出口量由20世纪80年代的1.2万吨,增加到20世纪90年代末的3.5万吨,增长了190%,价格也由每千克0.7美元,增加到每千克3美元,增长3.3倍。国际市场上,日本每年从我国进口甘草10 723吨;美国年平均进口甘草22 482吨、甘草膏1 280吨,而后加工制成甘草酸等向其他国家出口。经专家测算,全球甘草年需求量约为27万吨,而我国目前只能提供6万吨。

甘草具有适应性强、抗旱、抗寒、抗盐碱、耐瘠薄,根系发达,生命力旺盛,生长期长,植被覆盖度高,防风固沙作用大、经济价值高、改造利用荒漠土地效果好,且不与农业争水、争地、争肥等特点,是荒漠、半荒漠地区优良的固沙改土植物和经济药材。在无水浇灌的干旱地、沙漠、盐碱荒地都能生长，利用雨季播种，出苗后管理粗放，并且老株能滋生新株，繁殖系数大，投入少、产量高。随着我国农业结构调整的不断深化和生态环保意识的不断提高，在植被破坏严重，土壤沙化的老、少、边、穷地区发展甘草，生态效益、经济效益将十分显著，可以说，甘草是省钱、省地、省工、效益高的“绿色银行”，种植甘草是贫困地区脱贫致富奔小康的有效途径。

实施无公害甘草标准化生产，生产出有效成分含量高、品质优良和无污染的绿色甘草，既可以提供大量优质的甘草原料，满足日益增长的市场需求，又可以减少对野生资源的采挖，保护现有天然甘草资源。进行标准化的甘草生产，对于提高甘草产品的市场竞争力，推动甘草产业的持续快速发展，增加药农收益，保护生态环境，促进人与自然的和谐发展，有着十分重要的意义。

近年来，由于中药材生产中超量使用农药、化肥，造成中药材产品中农药残留、硝酸盐及重金属等有害物质的积累，严重影响到人类的身体健康。因此，中药材生产必须向标准化生产方向发展。甘草标准化生产不仅对灌溉用水、周边环境以及农药的使用有严格要求，还对施用化肥的种类、用量等有严格的限制，以确保甘草中硝酸盐及其他有害物质的含量不超标。

第二章　甘草种质资源和标准化生产的品种选择

甘草原植物有甘草、乌拉尔甘草、光果甘草和胀果甘草等,《中华人民共和国药典》2005年版规定的入药甘草仅为乌拉尔甘草、光果甘草和胀果甘草的干燥根及根状茎,主产于西北和华北,以内蒙古、甘肃、宁夏、新疆等省(自治区)的干旱荒漠区所产的品质最佳。乌拉尔甘草在我国的分布范围最广、资源蕴藏量最大、成品质量最优,为目前生产上广为引种驯化和人工栽培种的种。

一、甘草原植物资源及在主产区的分布

甘草属(*Glycyrrhiza*)植物为干旱、半干旱地区重要的药用植物资源,全世界约分布22种,我国有11种。国产甘草随着气候带的延伸,主要分布于北纬36°～50°、东经75°～123°的区域内,呈东西长、南北窄的带状分布,包括新疆、内蒙古全境,甘肃、宁夏、青海、陕西、山西、河北北部,辽宁、吉林、黑龙江西部,几乎横跨了整个三北(东北、西北和华北)地区。甘草在悠久的药用历史中,涉及的来源植物有豆科甘草属的多种植物。但被历年出版的《中华人民共和国药典》作为中药材甘草正品收载的只有乌拉尔甘草、光果甘草和胀果甘草3种植物的干燥根及根状茎。

乌拉尔甘草在我国分布最广,从新疆北部额尔齐斯河流域的阿勒泰,经塔城、克拉玛依、博乐、伊犁、石河子、昌吉、哈密、吐鲁番、库尔勒、阿克苏到巴楚、喀什、和田都有分布,但以

北疆为主；再经青海柴达木北部，进入甘肃河西走廊，沿疏勒河、弱水流域，经酒泉、张掖、民勤，进入内蒙古腾格里沙漠的阿拉善盟、巴彦淖尔盟的磴口县到达黄河河套地区；内蒙古及周边的主要分布区包括：鄂尔多斯市库布齐沙漠的杭锦旗和毛乌素沙地鄂托克前旗，以及宁夏的灵武、盐池、同心，陕北无定河流域的定边、靖边、横山、榆林等地。鄂尔多斯市西部高原有数万公顷的以乌拉尔甘草为优势种的植物资源群落，是我国传统甘草药材“西草”的主产地，誉称为“中国甘草的故乡”。由此向北跨越黄河，经包头、呼和浩特、乌兰察布盟及山西、河北北部到内蒙古东部赤峰市和科尔沁沙地、西拉木伦河流域。以赤峰敖汉、翁牛特等地为中心，又有成片较密集的野生乌拉尔甘草群丛分布，是我国传统甘草药材“东草”的主产地。由此经哲里木盟奈曼、辽宁省的朝阳、北票往北，沿松辽平原西侧的通辽、白城、镇赉，直抵松嫩草原北端松花江流域和嫩江汇合处的黑龙江省的泰来、杜伯尔特、安达、大庆、齐齐哈尔以及三肇地区的肇源、肇州和肇东，这是我国乌拉尔甘草最东北的分布边缘。这里的野生甘草商品资源已开发殆尽，年生产量已不能满足本地药用的需要，急需建立人工栽培的甘草商品生产基地。

光果甘草和胀果甘草主要分布在新疆南疆地区和甘肃河西走廊一带，其中新疆的叶尔羌—塔里木河流域有大面积的以胀果甘草为优势种的甘草群落，是我国甘草蕴藏量、产量最高的地区，也是甘草制品工业的主要原料供应基地。

在甘草商品流通过程中，我国药用甘草资源通常分“西甘草”、“东甘草”和“新疆甘草”3类。

（一）西 甘 草

原植物为乌拉尔甘草（*Glycyrrhiza uralensis* Fish）。主产地为内蒙古鄂尔多斯市、阿拉善旗，宁夏，陕西北部及甘肃东部和西北部广大地区。大多生长在地下水位较高的半荒漠草原、沙地和梁地上，在人烟稀少地区，常见形成大面积的群落，成为草原的优势种。该地区为我国野生甘草的分布中心，甘草药材质量上好，商品皮色红、粉性足，甘草酸含量高。尤以内蒙古杭锦旗、鄂托克前旗所产的最具代表性。

（二）东 甘 草

原植物也为乌拉尔甘草（*Glycyrrhiza uralensis* Fish）。主产于黑龙江省的肇东、肇源、肇州、泰来、安达、林甸，辽宁省的北票、阜新、彰新、彰武、康平、黑山；吉林省的农安、梨树、前郭、扶余、乾安、大安、洮南、长岭、镇来、通榆、白城等市、县；内蒙古昭乌达盟、哲里木盟。其中以乾安、通榆所产的甘草品质为佳。该地区气候较西甘草产区湿润，草原植物茂盛，甘草生长迅速，交通发达，商品流通便利，历史上曾是甘草主产地之一。但在近几十年来，资源破坏严重，产量急剧下降。

（三）新疆甘草

原植物种类多，几乎包括国产药用甘草全部种类。其中以光果甘草及其变种、乌拉尔甘草和胀果甘草最为重要。新疆现有 85％以上县、市有甘草属植物资源分布，主要分布在各大河流沿岸滩地、冲积平原地区。该区商品甘草不仅种类多，而且产量大，是 20 世纪 60 年代后随着农垦业发展兴起的重要商品甘草基地。该地区产的甘草药材外观及内在质量，因产地生长条件复杂，品种多而变化大，不少药材外皮呈灰棕色、质脆、筋多，但药材价格便宜。

另外，还有一些地方品种，在各自分布区作为中药甘草自产自用或作为甘草的原料药使用。如黄甘草(*G. korshinskyi* G. brig.)，主要分布于新疆南部叶尔羌河、孔雀河沿岸及东疆吐鲁番、哈密盆地，甘肃安西、酒泉、金塔也有少量分布。粗毛甘草(*G. aspera* Pall.)，只在新疆北部有少量分布。云南甘草(*C. yunnanensis* Cheng. F. et L. K. Tai)，分布于云南，多为该省局部地区民间药用。

二、甘肃野生及栽培甘草的分布

甘草在甘肃省北部边缘呈带状分布，分区域跨度达 17 个经度，气候条件从东向西差异显著，从而使甘草品种由东向西出现更迭。甘草在甘肃的分布区深处亚洲内陆，有强烈的大陆性气候特点。冬季寒冷，夏季燥热，春、秋多风。年日照总时数 2 000～3 200 小时，年平均气温 7℃～9℃，7 月份平均气温 21℃～26℃。1 月份平均气温－13℃～－8℃，≥10℃的积温2 800℃～3 600℃，年平均降水量为 50～400 毫米，蒸发量为1 500～3 400毫米，全年无霜期只有 160 天左右。这种气候因素的特殊匹配组合对一般植物的生长十分不利，但甘草却能连片生长，覆盖度达 30％～40％，局部地区可达 70％左右，可显现出甘草具有极强的抗寒性、抗旱性和抗逆性。同时，甘草在长期生态适应的基础上，使其产品内有效成分明显提高，成为同类产品中的“精品”，饮誉国内外。

根据甘肃省甘草分布区的气候、生态环境和经济状况，甘草资源可划分为 3 个区域。乌拉尔甘草主要分布在金塔以东的高台、临泽、民勤、景泰、镇原、庆阳、环县、合水、华池等地。黄甘草多分布在敦煌、瓜州、金塔、酒泉、玉门等与新疆接壤的地区，也为乌拉尔甘草和胀果甘草的种质资源过渡带，成为我国甘草种质资源的“基因库”。胀果甘草分布于敦煌、安西至新疆的广大沙漠。

(一)陇东陇中黄土高原北部半干旱区

该区包括庆阳市的华池、镇原、庆阳、环县、合水县，平凉市的静宁、庄浪县以及白银市的景泰、靖远县等地，原为甘草的集中分布区。该区甘草多生于坡地，垂直扎根较深，由于乱采滥挖，资源遭到严重破坏，土壤沙化，致使甘草分布密度较低，生长稀疏，仅在局部连成片状。该区属暖温带半干旱气候，年平均气温7℃～10℃，年平均降水量250～400毫米，≥10℃的积温2 600℃～3 200℃，甘草的主要适生土质为黑垆土和灰钙土。土地面积虽大，但灌溉条件差，甘草采挖后不易自然恢复。故应在大力保护现有资源的条件下，逐步推广甘草人工种植。

(二)河西温带干旱荒漠区

该区包括河西走廊东段的武威市，中段的张掖市，北山山地及阿拉善高原南部边缘。一般海拔1 000～1 500米，残丘、沙漠广泛分布，巴丹吉林沙漠和腾格里沙漠自内蒙古深入本区。年平均气温7℃～8℃，1月份平均气温－10.3℃～－9.6℃，7月份平均气温21.4℃～23.9℃，≥10℃的积温2 900℃～3 500℃，年平均降水量50～129毫米，干燥度4～11。植被以旱生和超旱生的灌木、半灌木为主。该区野生甘草主要分布在巴丹吉林沙漠和腾格里沙漠边缘的民勤、永昌、临泽和高台等县。但近年来由于无休止的滥挖，使甘草资源急剧减少，只有部分较远的地区有成片分布。该区人少地多，有大面积可供甘草生长的荒地、弃耕地，有石羊河、黑河两大河流较好的灌溉条件。可在保护现有甘草资源的前提下，大力发展人工种植甘草，使之成为甘肃省主要的甘草生产基地。

（三）河西暖温带极端干旱荒漠区

该区位于河西走廊西段，包括酒泉市的金塔、酒泉、安西、敦煌等县。年平均气温 8.8℃～9.3℃，1 月份平均气温 −10.0℃～−9.3℃，7 月份平均气温 24.7℃～24.9℃，年平均降水量 50 毫米以下。甘草采挖后，较难恢复，近年来由于乱采滥挖，贮量日趋下降。该区气候条件极端干旱，灌溉条件较差。应在保护好现有甘草资源，合理轮流采挖的基础上，积极利用国有农场的弃耕地，开展人工种植。

三、甘草的植物形态特征

（一）乌拉尔甘草

乌拉尔甘草通常称“甘草”，又称棒草、甜草。多年生草本。株高 50～150 厘米，全株被有白色短柔毛和腺毛（图 2-1）。

根为地下根茎圆柱状，多横走。根及根茎外皮通常是淡黄褐色，红棕色，少数为深褐色，较老的根部外皮呈红褐色，有不规则纵皱及沟纹。具甜味，主根和根状茎长而粗大，直径 1～3 厘米。茎直立，多分枝，基部稍带木质，密被白色绒毛和腺毛。叶互生，奇数羽状复叶，小叶 5～17 枚，卵圆形或宽椭圆形，长 1.5～5 厘米，宽0.8～3 厘米，上面暗绿色，下面绿色，边缘全缘或微呈波状。顶部一小叶较大，两侧成对的小叶由上而下渐次较小，两面和边缘被棕色腺体和白色短柔毛，小叶具短柄，两侧托叶呈披针形、细小，被白色短柔毛。花为总状花序腋生，具多数花，总花梗较叶序短，花密集；基部下方一卵形小包片。花萼钟形，在裂片上有棕色腺体。花冠蝶形，紫红色或蓝紫色，较花萼为长；花瓣 5 个，最上 1 瓣为旗瓣，较大，长椭圆形，先端圆或微缺，基部具短瓣柄；雄蕊 10 枚，其中 9 枚花丝下部分愈合呈薄片状，上端分离。花药大小不等；子房无柄，密被刺毛状腺体，上部渐细呈短花柱。荚果多数紧密排列呈球形，窄长而弯曲呈镰刀状或呈环状，荚壳坚硬。种子 3～9 粒，扁圆形或肾形，红褐色、黄褐色或黑褐色，千粒重 8～10 克。花期 6～8 月份，果期 7～9 月份。主要分布于内蒙古、宁夏、新疆、黑龙江、吉林、辽宁、河北、山西、陕西、甘肃，山东、河南亦有少量分布。

图 2-1　乌拉尔甘草

1. 根　2. 植株

(二)光果甘草

因欧洲国家药用的甘草有此种，所以又称欧甘草、洋甘草。为多年生草本，高 80～180 厘米(图 2-2)。它与甘草极相似，主要区别为植物体密被淡褐色腺点和鳞片状腺体，局部常有白霜和疏柔毛,不具腺毛;根和根状茎发达、粗壮,直径0.5～3厘米,根皮暗褐色至灰褐色,皮不粗糙,皮孔细而不明显,里面黄色,具甜味。茎直立而多分枝,基部带木质,密被淡黄色鳞片状腺点和白色柔毛,有时具条棱,有时具短刺毛状腺体。奇数羽状复叶,小叶片较多,为5～19片,长椭圆形或窄长卵状披针形,两面均为淡绿色,叶面无毛或有微柔毛,叶背密被淡黄色不明显的腺点;披针形托叶2个。穗状花序腋生,花稀疏;花序与叶等长或略长,花冠紫色或淡紫色;旗瓣卵圆形或长圆形,顶端微凹,翼瓣长8～9毫米,龙骨瓣直,子房无毛。荚果长圆形,扁,微作镰弯,光滑或具褐色腺毛,荚壳坚硬。种子3～9粒,卵圆形,深褐色或灰褐色,千粒重7～8克;花期6～8月份,果期7～9月份。光果甘草主要分布于新疆、青海及甘肃河西走廊一带。

图 2-2 光果甘草

(椿学英、裘缉木绘)

1.花枝 2.根 3.花 4.花剖开后,示旗瓣、翼瓣、龙骨瓣 5.雄蕊 6.雌蕊 7.果实

(三)胀果甘草

多年生草本,高50～140厘米(图2-3)。它与甘草的区别在于植物体局部常被密集成片的淡黄褐色鳞状腺体,无腺毛;根茎粗大、木质,外皮褐色或灰褐色。茎直立,基部带木质,多分枝。奇数羽状复叶,叶长10～20厘米,小叶数目较少,通常

3～5片，偶尔可达7片，卵形或椭圆形，边缘波状，干时有皱褶，叶面暗绿色，具黄褐色腺点，叶背有似涂胶状光泽。总状花序腋生，具多数疏生的花。总花梗与叶等长或短于叶，花小，排列疏松；花冠紫色或淡紫色；旗瓣长椭圆形，先端圆，基部具短瓣柄，翼瓣与旗瓣近似等大，龙骨瓣稍短。荚果椭圆形或长圆形，直或微弯，明显膨胀，被褐色的腺点和刺毛状腺体，疏被长柔毛，果皮坚硬。种子3～7粒，呈肾形，黄褐色，千粒重9～10克。胀果甘草主要分布于新疆南部、东部，甘肃酒泉、金塔一带。

图2-3　胀果甘草　（椿学英绘）

1. 果枝　2. 根

（四）黄甘草

多年生草本，高50～80厘米（图2-4），局部被柔毛，或无毛，有黄褐色腺点。根部发达，外皮灰褐色，横折面黄色，根状茎皮灰黄色。奇数羽状复叶，长5～20厘米，托叶不存在，或脱落很早；小叶5～9片，少者为3片，椭圆形、倒卵形或卵形，先端尖，基部楔形或圆形。叶面暗绿色，具暗褐色腺点，叶背具黄绿色腺点，有涂胶状光泽，小叶与叶柄均有微毛，老叶则无毛。总状花序，通常含花5～8朵，花冠淡紫色。荚果长1.5～2.5厘米，镰刀状弯曲，膨胀或略扁，背腹面不凹陷或种子间略有1～3处下凹，被腺毛；种子4～7粒。黄甘草分布于新疆、甘肃，质地较甘草稍次。

图 2-4　黄甘草　（裘缉木绘）

1. 果枝　2. 根

(五)粗毛甘草

多年生草本，植株矮小，高10～30厘米（图2-5），被疏柔毛和褐色腺毛。根与根状茎较细瘦，直径3～6毫米，外面淡褐色，内面黄色，略具甜味。茎直立或铺散，有时稍弯曲，多分枝。叶长2.5～10厘米，托叶卵状三角形，长4～6厘米，宽2～4毫米，叶柄疏被短柔毛与刺毛状腺体；小叶7～9片，卵形、宽卵形、倒卵形或椭圆形，基部宽楔形，边缘具微小的钩状刺毛。总状花序腋生，具多数花；总花梗长于叶，疏被短柔毛和刺毛状腺体；苞片线状披针形，膜质，长3～6毫米；花萼筒状，长7～12毫米，疏被短柔毛；花冠淡紫色或紫色，基部带绿色，旗瓣长圆形，长13～15毫米，宽5～6.5毫米，顶端圆，基部渐狭呈瓣柄，翼瓣长12～14毫米，龙骨瓣长10～11毫米；子房几乎无毛。荚果念珠状，长15～25毫米，常弯曲呈环

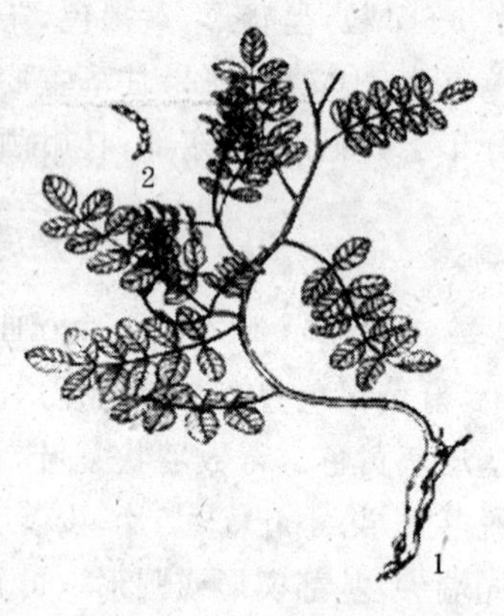

图 2-5　粗毛甘草

1. 坐花、果的植株　2. 果实

状或镰刀状，无毛，成熟时褐色，种子 2～10 粒，近圆形，长 2.5～3 毫米，黑褐色。花期 5～6 月份，果期 7～8 月份。分布于新疆等地。

（六）云南甘草

多年生草本（图 2-6），根与根状茎无甜味。茎直立，带木质，多分枝，高 60～100 厘米，密被鳞片状腺点，疏生短柔毛。叶长 8～16 厘米，托叶披针形，长 5～7 毫米，宽 2～3 毫米，具腺点，无毛；小叶 7～15 片，披针形或卵状披针形，长 2～5 厘米，宽 0.7～1.5 厘米，顶端渐尖，基部楔形，上面深绿色，下面淡绿色，两面均密被鳞片状腺点并疏生短柔毛。总状花序腋生；总花梗短于叶，具条棱，密被鳞片状腺点；幼时疏被长柔毛；苞片披针形，长 6～7 毫米，密生腺点；花萼钟状，长约 5 毫米，疏被鳞片状腺点及短柔毛；花冠紫色，旗瓣长卵形或椭圆形，龙骨瓣稍短于翼瓣，均具瓣柄及耳。果序球状，荚果密集，长卵形，顶端渐尖，密被长约 5 毫米的褐色硬刺。种子褐色，肾形，长约 4 毫米。花期 5～6 月份，果期 7～9 月份。在云南省局部地区零星分布，一般为民间药。

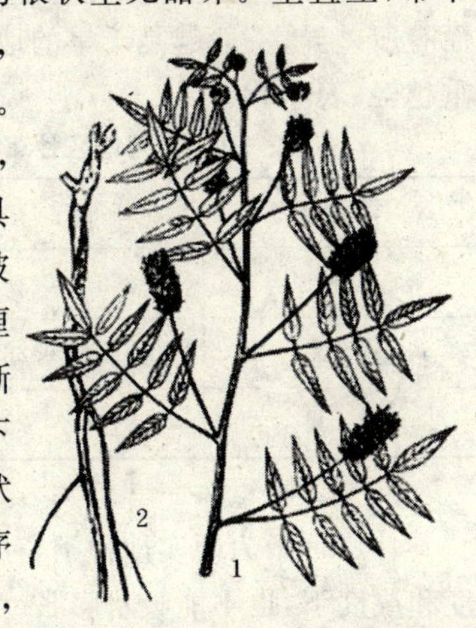

图 2-6　云南甘草　（裘缉木绘）

1. 花枝　2. 根

四、甘草的生长发育特性

（一）种子的萌发特性

甘草种子为圆形或肾圆形，其大小和千粒重因产地不同而有所差异，一般越是干旱的地区种子越小，甘草种子的千粒重越轻（表 2-1）。

表 2-1　不同地区甘草种子的大小及千粒重

产　地	大小：长×宽×高（厘米）	千粒重（克）
黑龙江	0.3631×0.2864×0.1958	13.54± 0.19
内蒙古	0.3281×0.2856×0.2144	12.13± 0.21
甘　肃	0.3165×0.2822×0.1964	11.97± 0.21

甘草种子为硬实性种子，种皮透水性差，即使在适宜的温度和湿度下，也不能吸水膨胀。在自然条件下，甘草种子的萌发率非常低，一般低于 10%。这主要是由于在甘草种皮上有一层特殊的栅栏细胞层，它们排列特别紧密，细胞壁厚，强烈木质化，且种皮外侧覆盖有一层厚达 4 微米的角质层。这些疏水性的种皮障碍，影响了其吸水膨胀能力。因此，在栽培时，应采取必要的措施，要预先进行种子处理，打破其硬实性。

甘草种子发芽率随贮藏期延长而降低。人工温水浸种实验表明，保存 1 年的种子发芽率为 45%，保存 3 年的种子发芽率则降低为 30%左右。秋季采种后立即播种，发芽率高于贮藏的种子。

经人工处理过的种子在播入土壤中后，在土壤温度高于

5℃时就能发芽;土壤温度高于 40℃,种子易霉烂;萌发的适宜气温为 15℃～30℃。土壤水分在 5%的条件下,种子能够萌发,土壤水分在 7.5%以上时,适宜种子萌发,对出苗最有利。通常在 15℃～20℃的气温下,10～15 天即可发芽。

种子萌发后,子叶自种皮伸出,长出土壤,种皮留在土中,长出的子叶对生,开展,为矩圆形,由黄绿色逐渐变成绿色。待有 3～4 片真叶长出后,子叶逐渐枯萎。

(二)根系的生长发育特性

甘草的根系由主根(垂直根)和不定根(侧根和须根)构成。主根垂直向下生长,根上端粗大,往往形成头状或棒状的根头。每年的 5～7 月份甘草以地上部分生长为主,根系生长较为缓慢;8～9 月份地上茎叶生长减缓,此时以根系生长为主,主根增粗较快。所以,9 月份以前不宜刈草,否则影响主根生长。1 年生实生苗的主根在春、夏季产生的侧根、须根较多,从 9 月份开始,主、侧根上有大量的须根枯萎死亡,随之在死亡的须根处有新的突起(须根原基)产生。这些突起在翌年春季突破根表皮形成新的吸收根。2～3 年后,土壤下层湿润,上层干燥,致使根上部的侧根、须根逐渐干枯、消失,形成主根均匀、侧根少,商品价值高的甘草根。

1 年生甘草的根主要是伸长生长,根增粗不明显,根生长深度通常为 50～60 厘米,根头粗 0.45～0.89 厘米。2 年生甘草的根水平生长明显,根增粗较快,根头直径可达 1.3～2.8 厘米,根生长深度为 70～80 厘米,但主根较嫩,短茬口发白,有效成分含量少,甜味不足。3 年生甘草生长量最大,根生长深度达 100 厘米左右,4 年生根生长深度 120 厘米以上,5 年生根生长深度 150 厘米左右。3 年以后,甘草根增粗相对缓慢，但有效成分积累逐渐增多，甜味逐渐浓厚。经测定，在民勤种植的2年生、3年生、4年生和5年生甘草的主根甘草酸、甘草苷含量均达到《中华人民共和国药典》（第一部，2005年版）规定的标准，但以3年生和4年生的甘草甘草酸、甘草苷含量为最高，适宜采挖。

甘草的主根和根茎均可产生不定根（须根）。一般不定根的分布深度在1.5米以下，最深可达8～9米，甚至10米以上。其生长情况、分布深度取决于气候、土壤条件和地下水位的深浅。如土壤为砂质或砂壤质，地下水位较浅，土壤疏松，砂土毛管性弱，土壤表面蒸发少，上层土壤潮湿而有补充水，土壤通气性好，则不定根生长得也较浅，而且发育得很好；相反，在结皮盐土上挖的根系，由于土壤质地黏重而坚实，地下水位深，土层较干燥，则根系的发育不如前者。由于不定根发育的不良，从而也影响了整个根系的发育，植株个体的生长也不健壮。

（三）地下根茎的生长发育特性

地下根茎是甘草繁殖的营养器官，又可作药用原料，所以是甘草属植物最重要的部分。各种甘草地下根茎的分布情况基本上是相同的（图2-7）。当甘草种子萌发出土，幼苗的第一片复叶长出时，在幼苗根头茎的两侧各有一芽产生，此芽将发育成水平根茎。在当年秋季，根头处可产生1～6条长短不等的根茎，2年生根头处可产生10条左右根茎。根茎在地下有两种生长状态：一种为垂直向下生长（直立根茎），另一种沿水平方向生长（横走根茎）。根茎上有节，节上可产生芽，芽又可以形成新的根茎。横走根茎的先端及新形成的根茎的先端有时可钻出地面，形成新的地上茎。

在秋季，地上茎叶枯萎，直立根茎上端产生数个更新芽。翌年开春，更新芽萌发长出新枝。新旧枝常聚成稠密枝丛。有时可见1个根茎上可生出10～25个枝条，这与当地秋季割取甘草地上枝叶(用作冬季饲料)，刺激根茎产生多个更新芽有关。

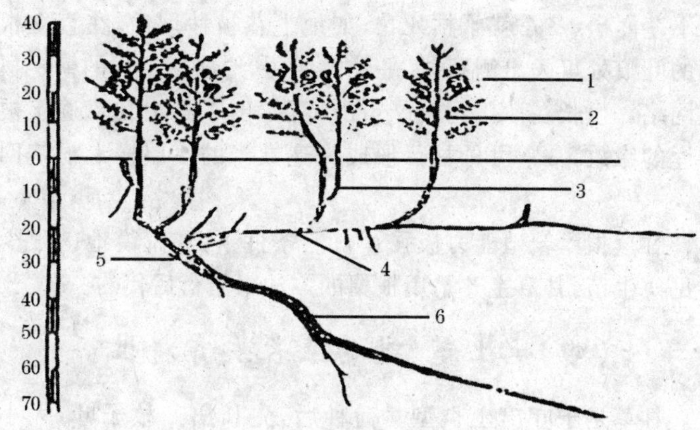

图 2-7　甘草形态特征

1. 果实　2. 地上茎　3. 直立根茎
4. 横生根茎　5. 根头　6. 根

水平根茎自垂直根茎长出后，向四方水平伸长，其长短因水分、盐分、土壤质地而定。分布的深度，因种类、生境而不一致。根据野外观察，盐土上生长的甘草，约在50厘米深开始产生水平根茎；绿洲中生长的一般在20～30厘米处，极度干旱的沙丘间则可达1米左右。水平根茎亦可再连续生长，水平伸向周围空地，蔓延一片，形成交织的水平根茎网。水平根茎上生有芽，芽向上长出垂直根茎，然后长出地上苗，并且相应的生出不定根，成为一个新的植株，但新植株仍与地下根茎相连。若在水分条件好、土壤盐分轻的情况下，水平根茎的出芽率是很高的，如盐渍化草甸土中生长的乌拉尔甘草，每10～15 厘米处即有 1 个新芽。新芽萌发初期，被有红褐色的覆瓦状鳞片。

甘草根茎冬季不干枯，其内贮存养分。若地面受风蚀后，地下茎露出，冬季就干枯死亡；如地上茎被沙埋后，在直立根茎的叶痕处可长出侧芽，水平伸向四周，形成一层新的横走根茎网络。生长在沙化比较严重的地区，由于野生甘草逐年被沙埋的缘故，常常可见甘草形成深达数米的多层横走根茎网络。

甘草根蘖繁殖能力极强。自然条件下，在荒漠地区很少看见实生苗，甘草主要是用根蘖的方法来繁衍后代的。

(四)地上茎、叶的生长发育特性

甘草是子叶出土类型。播种后，先长出 2 枚子叶，大小 1.3 厘米×0.4 厘米。在子叶展开的同时，第一片真叶开始生长。1 年生植株小叶数为 3～9 片，叶片有伏生柔毛和腺毛。茎不具棱，有腺毛和柔毛，到秋季植株高可达 30～50 厘米(不同地区或不同生态环境，生长高度不同)，至 10 月上中旬开始枯萎死亡。

由于甘草是多年生草本植物，因此翌年生长要靠第一年秋季形成的更新芽生长。更新芽在当年 7～8 月份即开始形成，至秋季在垂直根茎上端形成数个白色的更新芽。翌年春天更新芽开始萌动生长。幼芽出土后，向上生长很快，条件适宜时，半个月内就可生长高达 30 厘米。茎最初为绿色，直立，并从基部向上逐步木质化。2 年生植株复叶的小叶为 3～5 枚，在春季幼嫩的茎叶表面具有明显可见的腺毛存在。长至秋季，植株高可达 0.5～1 米，在垂直根茎上端再次形成更新芽。10 月份地上植株枯萎。第三年开春更新芽继续萌动生长，形成新的地上茎，长至秋季，植株高可达 0.75～1.5 米，以后每年如此反复。

（五）花、果的生长发育特性

甘草的开花日期因地域而不同，一般于 6 月份前后开始开花。甘草花属自花授粉，当花各部分成熟后，花序上的小花梗由基部向上依次开放，暴露出花药和柱头，花药风干后随即开裂，授粉过程开始。伴随着受精过程，子房逐渐膨大，花冠逐渐脱落，花萼逐渐变成棕红色，宿存，柱头脱落，子房柄延长并超出萼筒。整个花序盛花期约 30 天；每朵花从开放到受精后开始凋谢，需 15 天左右，然后形成幼果。幼果初为绿色，到 8 月中旬至 9 月中旬成熟时，荚果变干，变为棕色，种子亦成熟。

人工种植的甘草，通常生长到 3～4 年部分植株开花结实。在大多数情况下，在甘草自然分布区种植的甘草生长到 5～6 年植株才大量开花结实，根茎与分株繁殖可提前开花结实。开花植株主要是从地下茎长出来的植株，而从根头（根茎）长出来的地上茎开花结实并不多见。

（六）甘草的物候期

野外生长的甘草和人工种植的甘草，其生长发育在一年之中随着季节的变化，有秩序地发生返青、萌芽、放叶、分枝、孕蕾、开花、结实、枯黄、休眠等过程，这种物候现象年度之间基本一致。甘草的物候期，反映了它在某一立地的生长发育规律，因而，只有掌握环境条件与甘草生长发育关系的规律性，才可能采用有效的农业技术措施，促进和控制甘草的生长和发育，获得好的生产效益。

1. 野生甘草的物候期 野生甘草的返青期一般5月1日开始，持续13～15天。分枝期持续16～20天。孕蕾期持续20～27天。开花期7月1日开始，持续15～26天。结实期由8月1日前后开始，持续14～30天。而后进入枯黄期，延续30～35天，转入休眠期。整年的生育期150～170天。

研究人员1986～1990年对鄂尔多斯市境内3种生态型野生甘草的物候期进行了综合观察（表2-2），从表中可知，沙地甘草除返青和展叶略早于梁地甘草和滩地甘草以外，其他各生育期均明显早于梁地甘草和滩地甘草。

表2-2 3种生态型野生甘草的物候期 （日/月）

生态型	芽出土期	展叶始期	展叶盛期	孕蕾期	开花始期	开花盛期	开花末期	第二次开花期	果实成熟期	枯黄期
沙地甘草	20/4	11/5	22/5	14/6	28/6	4/7	10/7	14/8	9/9	17/9～1/10
梁地甘草	24/4	16/5	25/5	19/6	8/7	15/7	22/7	25/8	12/9	15/9～2/10
滩地甘草	26/4	20/5	30/5	15/6	19/6	12/7	25/7	25/8	10/9	17/9～5/10

2. 人工种植甘草的物候期 甘肃武威市石羊河林场地处河西走廊东段北侧石羊河下游，位于巴丹吉林沙漠和腾格里沙漠边缘的民勤县，是甘肃省栽培甘草的主要产区之一。其气候特征是：海拔1 367米，年均太阳辐射量140～158千卡/平方厘米，蓝紫光占总辐射量的20.5%，年日照时数3 028小时，年平均气温7.8℃，1月份平均气温－10.3℃～－9℃，7月份平均气温21.4℃～23.9℃，≥10℃的积温2 900℃～3 500℃，年平均降水量115毫米，干燥度4～11，空气相对湿

度平均40%～45%，无霜期160天，植被以旱生和超旱生的灌木、半灌木为主，土壤以风沙土、灰棕漠土、草甸土和草甸沼泽土为主。该地种植的甘草地上部分每年秋末枯萎，以根和根茎在土中越冬。在翌年5月上旬根茎上的芽萌动返青，芽向上生长很快。6月份气温在25℃～30℃时植株生长最快，枝叶繁茂，现蕾期6月下旬，7月上旬为盛花期，8月上旬进入果期，8月下旬荚果成熟。夏季气温35℃以上时植株生长缓慢，秋后当气温在15℃以下时，叶片开始变黄，由下往上脱落，10月下旬前后植株叶片全部脱完，翌年春天继续发芽生长。

山东省黄河三角洲地区人工种植的甘草，由于气温、地温相对于甘草原产区高一些，甘草的萌动返青期、开花结果期均早20天左右，落叶枯萎期迟20天左右，并且栽培后第一年不开花，第二年部分植株开花，第三年甘草大量开花结籽。4月中旬芽萌动返青，现蕾期5月初，6月初盛花，7月初果期，8月初种子成熟。11月中旬植株叶片全部脱完。

五、甘草对生态环境的要求

环境是指生物体外围所有事物的总体，也就是生物在生活过程中所接触到的一切条件，由诸如气候、土壤、水分等组成。环境对植物的生长、代谢、类型的形成以及分布范围等起着直接和间接的作用，所以在引种、种植甘草时，首先应该掌握生长环境即生态因素。

（一）甘草的抗寒性和耐热性

甘草常呈区域性分布，因其种类的不同，生态适应幅度较宽。甘草生长的区域,气候变化很大,均为极端大陆性气候。夏季酷热,冬季严寒,昼夜温差大。在气候严寒的新疆阿勒泰,年平均气温3℃～6℃,极端最低气温－47℃以下,日最低气温低于－20℃的寒冷日数达60天,极端年较差73℃,日较差最大26.5℃,5月份的气温尚可降到－4.3℃,9月份的气温也可降到－5.2℃,早霜9月中旬,晚霜5月上旬,全年无霜期120天左右。地面积雪期达140天左右,冻土深度110厘米,是我国有名的寒冷地区。然而,甘草无人管理,仍可自然生长,连成一片,像人工种植的甘草田一样。在气候酷热的吐鲁番盆地,7月份平均气温33℃,极端最高气温47.6℃,年最高气温在35℃以上的酷热期达100天,但甘草却能在这样酷暑的环境中正常生长,且生长得很好。可见,甘草的抗寒性和耐热性是极强的。甘草分布地区的年平均气温0.4℃～14℃,≥10℃积温2 500℃以上,无霜期120天以上。以年平均气温4℃～12℃,日照时数2 600小时以上,≥10℃积温3 000℃～3 800℃和无霜期150天以上的区域,为甘草最适宜生长和栽培的地区。甘草分布区的各种生态因素见表2-3。

表2-3　甘草分布区的各种生态因素

生态因素	乌拉尔甘草	胀果甘草	光果甘草	黄甘草	粗毛甘草
海拔(米)	40～2000	80～1500	100～1450	930～1120	35～1118
年平均气温(℃)	0.4～14	7～14	6～12	11～11.6	4.5～14
≥10℃积温(℃)	1900～5000	3000～5450	2000～4500	4257～4360	2113～5454
无霜期(天)	130～230	180～230	150～220	210～227	135～227
年相对湿度(%)	27～75	25～57	39～73	49～65	37～66
年降水量(毫米)	50～510	36～66	60～330	37～52	66～326
年蒸发量(毫米)	1750～3003	2200～3003	2000～2400	—	—

（二）甘草的耐旱性及适水性

甘草属于旱中生植物，抗旱性能强。据刘国钧对新疆境内甘草生态习性的考察，南疆年降水量大多在100毫米以下；塔里木河盆地西北和北部为50～70毫米，东部和南部多在50毫米以下；吐鲁番降水量16.6毫米，蒸发量3010毫米、空气相对湿度多在30%以下，这样的干旱环境对一般植物的生长是十分不利的，甘草却能正常生长。

甘草耐旱的特性，源于甘草植株具有旱生结构。其叶片多腺鳞，叶内有多数大型黏液细胞，表皮细胞内具树脂物团块；株型可随干旱程度的增加而变小，以减少水分消耗；同时，甘草的根及根状茎发达，有较大的根茎比，可形成庞大的地下根系直接吸收地下水，达到扩大对水分吸收的作用。在极端干旱的情况下，叶停止扩展，株型缩小，叶缘向内变黄，但从未见到甘草叶片萎蔫和蜷缩的现象，旱象过去之后，遇雨水又可重新发出新叶。

栽培甘草，对水分的要求比较严格，其离不得水，也见不得水。土壤水分过多，甘草的根茎易腐烂、死亡。要想获得高产，必须要有水灌溉，但甘草植株忌地表淹水和表土长期积水。有积水的地块，土壤过湿，容易诱发病害，引起植株烂根、死亡。一般来说，没有灌溉条件的地方，地下水深度在1.5～3米时甘草生长良好。

值得注意的是，甘草虽属耐旱植物，但甘草仅仅是在成苗后才耐旱，种子萌发期及幼苗期并不耐旱。土壤含水量低于5%时，种子不萌发。适宜种子萌发的土壤含水量为7.5%以上。

（三）甘草的抗盐性和耐碱性

甘草抗逆性强，对土壤要求不甚严格，通常多适应腐殖质含量高的砂壤土、砂土条件。在新疆轻壤土、西北黄土高原沙质灰钙土、黑龙江松嫩平原碳酸盐黑钙土上均可生长，是既分布于淡土，也分布于盐土的植物，通常称为耐盐植物，对盐分有一定的抵抗性。其耐盐碱能力以胀果甘草、黄甘草、光果甘草、粗毛甘草的顺序而递减。胀果甘草能在盐化草甸土、草甸盐甚至结皮盐土上生长，它的耐盐极限为20%，但最适为2%～4%。乌拉尔甘草及光果甘草耐盐极限为10%，但最适为1%～2%。

通过野外观察和对甘草生长与土壤含盐量相关性分析，甘草并不适生于盐土，主要分布在含盐量0.1%～0.2%的土壤上，能忍耐含盐量0.3%～0.6%的盐化条件，在含盐量1%～2%的盐土上生长不良，呈现病态。土壤含氯盐达0.85%，就对甘草生长产生抑制作用，达到3%时，就逐渐死亡，地下根也逐渐腐烂。经测定，甘草植株粗灰分含量在11%～18%，因此甘草属应划分为轻度耐盐植物。

甘草生长的pH值通常在7.8～8.2，最低为7.2，最高8.7。甘草是钙质土壤上的指示植物，一般在含盐较少，较好的环境，土壤以微碱性为宜。

由于甘草对土壤的适应性较强，所以在条件较差的二潮地、盐碱地、光板地以及黄淮海半干燥地区的粉白沙土上都可以种植。一般选择含盐较少、土层较厚，微碱性土壤的地块栽培为宜。尤其以上层覆沙较厚、下层较为黏重的土壤生长较好，因为在流沙埋压的情况下生长出的甘草主根和地下茎粗细均匀、毛根少，药用价值高；而在黏性很大的土质上种植甘草，主根生长不深，且上粗下细，毛根很多，商品价值不高。酸性土壤有利于真菌大量繁殖，栽培甘草时易产生病虫害。

（四）光照对甘草生长及形态特征的响应

1. 甘草生长对光照的响应　甘草为阳生植物，对野生甘草试验观察表明，当日平均光照时间少于 8.5 小时，甘草生长受到影响，随着日光照时间缩短，甘草植株高生长增加，株重降低；当日平均光照时间缩短到 6～8 小时，甘草植株高生长终止期推迟；当日平均光照时间少于 6 小时，甘草开始出现黄化现象，且随着日光照时间缩短，黄化现象愈来愈重；开花期推迟，且不结实；日平均光照时间少于 3.5 小时，甘草不开花，并明显的降低单株鲜重。

2. 遮光对甘草形态特征的影响　遮光对甘草枝叶特征影响明显，遮光 1 周后，除每日 8～9 时、8～10 时遮光的叶片颜色、手感无变化以外，其他处理 8～12 时、8～14 时、8～16 时、12～14 时都与不遮光对照有差异，叶片变薄、颜色变浅，节间伸长，枝叶细嫩，黏性分泌物减少，粗糙度变小，并且随着遮光时间的增长，这种变化愈来愈明显，一直持续到植株枯黄。

野生甘草分布区域的年太阳总辐射量一般在 120 千卡/平方厘米以上，年日照时数多在 2 500 小时以上。以年太阳总辐射量 130～150 千卡/平方厘米的区域为甘草最适宜生长和栽培的地区。为保证甘草正常生长发育，人工栽培甘草选地应尽量避开高大建筑物、林地、林带、不与高秆作物间作、套种等。

（五）温度对甘草种子萌发的响应

有报道称通过发芽试验，找出了温度对甘草种子发芽率、发芽势、霉烂率、日平均发芽率、发芽指数、萌发启动速度、萌发高峰等的影响，为甘草育苗和大田播种提供了技术依据。

试验结果表明，温度对甘草种子的发芽率、发芽势及霉烂率的响应是极为显著的。随着温度的升高，甘草种子的发芽率呈现有规律的变化。在 10℃～45℃，发芽率逐渐增大，30℃时达到最大值，30℃～45℃，发芽率逐渐降低，直至降到 0。在 10℃～30℃随着温度的升高，发芽势由 0 迅速增大到 95.5%，当温度由 30℃升高到 45℃时，发芽势由 95.5%迅速下降到 0。在 10℃～30℃，温度对甘草种子霉烂率影响甚微，霉烂率为 2.5%～9.5%，若温度继续上升，甘草种子霉烂率迅速增大，温度达到 45℃时，霉烂率为 100%。

试验观察分析表明，甘草种子发芽指数、日平均发芽率最高时的温度为 35℃～38℃；萌发启动速度最快为 25℃～35℃，此时发芽总日数也比较短。

综合评价各项指标，甘草种子发芽最适温度为 30℃，发芽率为 97%，发芽势为 95.5%，霉烂率为 2.5%，萌发启动速度为 24 小时，发芽指数 13.86，日平均发芽率 12.1%，发芽总天数为 7 天。

（六）甘草根及根茎与生态环境的关系

甘草的根及根茎均是药用的主要部位。生长在不同生态环境中，其根系和根茎的分布、形态、生理和性状亦明显不同。根据这些差异，可将野生甘草划分为 3 种生态型。

1. 沙地甘草　沙地一般低于梁地而高于滩地，地形起伏不平，相对高差1～10米不等。植物主要以耐旱的沙生植物为主，如油蒿、沙米、刺沙蓬、沙生大戟等。土壤为风沙土和沙壤土，结构松散、肥力较低；风蚀、风积作用强烈；地下水位5～10米，土壤水分条件较好。生长的甘草水平根茎发达，生长均匀，水平根茎延伸范围大，呈不规则放射状，支株多，形成在母株周围大范围的由数量不等（可达20余株）的支株组成地下网络。生长在沙化环境的植株随着覆沙厚度的增加，可形成2～3层根茎层，主根和侧根不发达，不定根数量较多，根头一般在地面50～100厘米，最深可达200厘米。

商品草（沙地草）以根茎为主，体形通直，呈圆柱形，皮棕红色至暗红色，横生环状皮孔，有浅纵皱纹，敲之声音清脆，断面黄色致密、口面稍外翻，质地致密沉实，放入水中下沉或没于水面之下，粉性大，甜味纯正浓厚，不带苦味，根茎具潜伏芽或芽脱落痕迹。

2. 梁地甘草 梁地地形波状起伏。主要植物类型为旱生和超旱生型，如藏锦鸡儿、刺叶柄棘豆、冷蒿、马蔺、骆驼蒿、黄蒿等。地带性土壤为灰钙土和棕钙土，风蚀、风积作用频繁。地下水位低，一般为30～40米，最深可达100米，土壤水分条件差。生长的甘草根茎不发达，数量少，支株少，延伸范围小，主根发达，但不均匀，一般呈上粗下细形状，根头距地面20～30厘米。

商品草以主根为主。梁地草皮呈棕黄色至暗棕色，体形和表面状况与沙地草相似，口面平坦少外翻，质地致密沉实，放入水中可没于水面之下，有的可下沉，粉性不及沙地草大，甜味纯正浓厚，不带苦味。

3. 滩地甘草 滩地地势低平，起伏不大，植物种类主要以耐盐、耐湿植物为主，如芨芨草、盐爪爪、碱蓬、小花棘豆、白刺、蒲公英等。地带性土壤为草甸灌淤土、盐渍化和盐土，土壤较黏重而紧实，透气性差，地下水位高 1～3 米，土壤水分条件好。生长的甘草水平根茎多而粗壮，延伸的范围大，一般距地面 20～30 厘米，支株多(可达 40 余株)，主根极不发达，多呈叉状。

商品草以根茎为主。滩地草体形多弯曲，下端常分枝，皮棕褐色，口面微凹，质地欠沉实，放入水中一般浮于水面不下沉，粉性小，甜味浓厚，但略带苦味。

以上 3 种生态型甘草的主要化学成分也存在差异；有研究者对内蒙古鄂尔多斯市甘草的分析发现：根茎除水溶性浸出物含量滩地甘草大于沙地甘草，沙地甘草大于梁地甘草外，其余的总灰分、酸不溶性灰分、甘草次酸、水分含量均为滩地甘草大于梁地甘草，梁地甘草大于沙地甘草。根的总灰分、酸不溶性灰分、水溶性浸出物的含量滩地甘草大于沙地甘草，沙地甘草大于梁地甘草；甘草酸的含量滩地甘草大于梁地甘草，梁地甘草大于沙地甘草；水分含量梁地甘草大于沙地甘草，沙地甘草大于滩地甘草。

六、甘草标准化生产的品种选择

我国野生甘草资源主要有乌拉尔甘草、胀果甘草及光果甘草 3 种，其分布范围广泛，成为多少年来药用甘草的重要来源。但由于用量加大，采挖程度也随之加重，使野生甘草资源枯竭，甚至濒危。为了满足日趋增多的需求量，从 20 世纪 80 年代开始驯化野生甘草，尝试人工栽培。驯化的甘草品种首当其冲的是乌拉尔甘草，因为乌拉尔甘草分布广泛，生态适应性强，市场需用量大，而成为广大中药材科技工作者关注、药农普遍栽培的品种。

现在生产上普遍应用的乌拉尔甘草，已在栽培管理上基本完成了驯化过程，能正常在生产中栽培应用，可做甘草标准化生产的选用品种。但目前生产中还存在着一些毋庸回避、更不能忽视的问题。这些问题概括起来有以下 3 点。

第一，随着甘草栽培面积不断增加，甘草种子的生产已成“瓶颈”。当今生产上应用的甘草种子大部分是从野生种上采收的，随野生甘草资源的进一步枯竭，开展人工繁育甘草种子时不我待。然而甘草为多年生植物，用种子种植的甘草结籽期一般在 3～4 年之后，一般药农在利益驱动下很难潜心去繁育甘草种子，这一问题未能引起有关部门的重视。

第二，药农种植的甘草种子货出多路，优劣混杂，尚需尽快制定统一的标准，规范种源。最为有效的措施是在甘草主要人工栽培区建立甘草种子生产基地，在基地上进行严格的去杂去劣和选优良繁，为甘草标准化生产奠定种子基础。

第三，一般的作物生产均十分重视育种工作，而甘草育种工作至今开展得不够广泛，未曾有新的品种问世。从甘草发展态势分析，甘草育种潜力巨大，商机巨大，应引起相关部门的高度关注，特别是科技管理和研究部门的重视。

第三章 甘草标准化生产的种子鉴别和播种育苗

一、甘草种子的鉴别

(一)形态与组织鉴别

1. 乌拉尔甘草 种子呈圆形或肾形,略扁,两端钝圆,长2.8～4.4毫米,宽2.3～4.1毫米,厚2.1～2.7毫米。种脐位于腹面凹陷处,圆点状,周边有一色略浅的微隆起环,种子一端有一暗棕色起线,即种脊。质地较硬,不易破碎,剖开后可见2片黄色子叶及弯曲的胚根,嚼之微有豆腥气。

种皮外层革质,厚0.2～0.25微米,内胚乳紧贴于种皮的内侧,周边的较薄;胚发达,子叶肥厚。

种子横切面。表皮外角质,内侧为一列径向延长的栅状表皮细胞,径向长93～102微米,切向宽8～14微米,壁自内向外渐增厚,近外缘1/3处有1条光辉带;表面栅栏状细胞呈多角形,细胞腔隐约可见,略呈类圆形。营养层为数列切向延长薄壁细胞,靠内侧细胞多扁缩。胚乳细胞壁薄,含黏液质,遇水膨胀呈不规则形,长70～110微米,宽24～30微米,淡绿色,细胞间隙较大。子叶表皮细胞类方形,内侧薄壁细胞类圆形。种脐部位栅栏状细胞2列。

2. 胀果甘草 种子呈圆肾形,长3.1～3.7毫米,宽2.9～3.8毫米,厚2.4～2.7毫米。表面灰黄色或淡棕绿色,种脐周边有一微隆起淡黄色环，种脊棕色条状隆起。

种子横切面。表皮外被角质层，栅栏状细胞径向长 70～76 微米，直径 8～12 微米，外缘一光辉带，细胞壁自内向外渐增厚，支持细胞呈哑铃形，比乌拉尔甘草种子小，径向长 14～18 微米，基部宽 16～20 微米，缢缩部壁厚 2～4 微米。胚乳细胞壁薄，遇水膨胀后呈不规则形，长 120～230 微米，宽30～80 微米，较乌拉尔甘草种子的胚乳细胞大，其他特征与乌拉尔甘草种子相似。

3. 光果甘草　种子近圆形，体积较小，长 2.6～3.2 毫米，宽 2.6～2.9 毫米，厚 1.8～2.1 毫米。表面棕色或棕褐色，种脐圆点状，种脊棕褐色。

种子横切面。栅栏状细胞细长，直径 4～8 微米，壁较薄。支持细胞略呈哑铃形或宽哑铃形，胞腔内径宽、窄相差较大，侧壁及内外壁均薄，厚 1～2 微米，排列略不整齐。胚乳细胞含黏液，遇水膨胀呈不规则形，较小，长 54～74 微米，宽 20～34 微米。

（二）扫描电子显微镜下的特征

1. 乌拉尔甘草　种子表面角质层第一级文饰呈脑纹状雕纹，凹沟呈飞鸟状或“之”字形，二级文饰呈浅凹或浅沟状。种脐外周呈环状隆起，略呈桃形，顶端尖，环上呈网格状粗条索突起，局部有波状皱纹。其内一环为种柄脱落后残留的薄膜状物，其下隐现条索状网格。环内侧与纵起凹沟相接处有维管束，导管清晰可见。种脐中心有类圆头铆钉状突起及不规则花纹，中央有一凹沟将种脐均分两半，凹沟两侧皱状花纹排列略整齐。

2. 胀果甘草　种子表面角质层第一级文饰呈峰峦状突

起，镶嵌状排列，峰峦上有不规则浅凹及皱纹。种脐周边隆起环略呈桃形，顶端钝，环上有网格状粗条索突起，局部有皱纹。种柄脱落处呈云层样网格。种脐中心有皱脊状或皱缩花朵状文饰，中央凹沟两侧皱状纹理平行整齐排列。

3. 光果甘草 种子表面角质层文饰呈梅花褶皱状突起。种脐周围隆起环呈桃形，顶端钝，环呈云朵状突起雕纹，中心凹腔大小深浅不等，自凹腔向外有密的放射状波纹。种脐中央有一纵向凹沟。

二、甘草种子的特性

（一）种子结构

1. 种皮 甘草种皮由胚珠珠被发育而成。外层革质，厚0.2～0.3毫米，表皮光滑，少数有蜡粉，种皮对种子有保护作用。一侧有种脐、种孔和合点等结构，呈现出中心凹陷小圆点，合点在种脐的下方，种脐上部有一小孔，种子发芽时，幼小胚根由此小孔伸出，称之为种孔。

2. 胚 甘草种子的胚和其他双子叶植物一样，由胚囊内卵细胞受精后产生。胚发达，1个成熟的胚，由胚根、胚轴、胚芽和2枚子叶4部分组成。胚根将发育成主根，胚芽形成地上部分的茎、叶，胚轴上连胚芽，下连胚根。胚中的2枚子叶肥厚，贮藏营养物质，对甘草萌发和初期幼苗生长具有重要作用。

(二)种子的硬实性

1. 甘草种子硬实的原因

(1)种皮结构　甘草种子的硬实特征主要是由于成熟种子的种皮外侧有一层厚达4微米的角质层,是一种坚韧、致密的蜡状物质,不易吸水;甘草种子皮层外侧为栅栏状表皮细胞,径向延长,表面观呈多角形,细胞腔极小,排列特别紧密,强烈木质化;它们既可防止水分和气体丧失,又可防止外界的水分和空气进入;沿外侧切向面有一条折光性较强,宽7～12微米的明线,它特别不易透水、透气,甚至一些燃料也不易侵入。此外,甘草种子、种脐很小,种孔在种脐内部深藏,也影响了其吸水能力。种皮的这些构造,使得种皮质地坚硬,透水性差,即使在适宜的温度和湿度下,也不能吸水膨胀,造成甘草种子的硬实性。

(2)环境条件　甘草硬实种子的形成除与种皮有关外,还常常表现为遗传性,而遗传性又受到当年、当地环境的影响。一般来说,硬实率在高纬度地区高于低纬度地区;高海拔地区高于低海拔地区;降水量少的地区高于降水量多的地区。对当年气候来说,降水量多,尤其在种子成熟时土壤、空气相对湿度大较干旱气候成熟的种子硬实率低。对甘草种子本身来说,硬实率和成熟度有关,对比观察发现,硬实种子随成熟度增加,成熟早的高于成熟晚的;种子皮色深的高于皮色浅的。从种子粒级上看,大粒种子硬实率低于小粒种子;人工种植甘草种子硬实率低于野生甘草种子。

由此可见,甘草种子硬实形成的原因是多方面的,主要是遗传性硬实和环境硬实两类,它们通过综合作用形成种子的硬实性。

2. 甘草种子硬实的特点

(1)萌发慢或长期不萌发　甘草的硬实种子萌发很慢，比正常种子要慢10～15天，有的更长，有些硬实种子甚至长期不萌发。通常甘草种子的硬实率在87%～95%。保存8～10年的甘草种子，硬实率在70%～75%，贮藏13年的甘草种子，硬实率仍在40%以上，萌发率非常低，自然条件下种子发芽率一般低于10%，如不经处理，播后很难达到全苗，大大影响田间直播的出苗和定植效果。而且甘草种子发芽率随贮藏期延长而降低。人工温水浸种试验表明，保存1年的种子发芽率45%，保存3年的种子发芽率则降低为30%。秋季采种后立即播种，发芽率高于贮藏的种子。因此，人工种植甘草前，必须采取必要的措施，预先进行种子处理，打破其硬实性。

(2)较抗真菌和细菌侵染　坚硬的种皮可使甘草种胚免受恶劣环境侵袭，可保持较长时间不受真菌和细菌的侵染。据报道，将100%的硬实种子经过15个月的长期培养，虽然种子表面长满许多真菌和细菌，但都没能侵入种皮使其软化吸水；将种子清洗干净，加砂研磨，继续发芽，发芽率可达96%以上，同时没有1粒种子霉烂，催芽时硬实种子霉烂率比非硬实种子霉烂率(6.8%)低3.5%。

(3)有较强的抗高温和抗低温的能力　硬实种子具有较强的抗高温能力，适当的高温处理还有提高发芽率的作用。试验表明，甘草种子在60℃～80℃下烘烤10分钟至4小时，90℃和100℃下烘烤10分钟，对其发芽率无任何影响，并有促进发芽的作用。但在90℃和100℃下处理30分钟后就有较大的不利影响，90℃高温烘烤1小时以后，尚有47.3%的种子发芽，但100℃高温烘烤就基本丧失发芽力。说明甘草种子最高只能忍耐90℃～100℃的高温10分钟。甘草种子耐低温，如在液氮(-190℃)中保存后，仍能正常发芽。

(4)具有较高的遗传稳定性　试验证明，用处理过的硬实种子播种，3 年后结出的种子，硬实率仍不降低。

3. 甘草种子硬实特性的生态学意义

第一，甘草种子硬实是长期生长在干热和寒冷环境中形成的一种遗传特性。甘草硬实种子发育形成的植株田间生长旺盛、抗逆性强、生产力高。

第二，甘草种子的硬实性，表现为以坚硬种皮作为保护甘草种胚免受恶劣环境侵袭的屏障，保持了自身在不良环境下的适应性和生活力。

第三，甘草为无限花序，形成了种子的成熟标志不一致，种子的硬实程度有差异，使种子在严酷并波动的环境中有较宽的生态幅。

第四，甘草种子的硬实性，使种子具有防霉变、防虫蛀及鼠啮破坏的特性，使种子能在较长的时间存留，在适当条件下萌发。总之，研究和利用甘草种子的硬实特性，具有特殊的生态学意义，也为人工栽培提供了科学依据。

(三)种子的品质检验

1. 种子净度的测定　一批种子中除去各种混杂物及废种子后，剩下的洁净种子占检验样品总重量的相对百分比，称为种子净度。

检验方法：从要测定种子中取平均样品，称重(试样重量)，计数后倒在台上，进行精选，分好种子、废种子、杂质，并分别称重，用以下公式求得种子净度，应重复测 2 次以上，取其结果平均值。

$$种子净度(\%)=\frac{试样重量-杂质重量(废种子+杂质)}{试样重量}\times100$$

$$=\frac{清洁种子重量}{试样重量}\times100$$

杂质系指除本种以外的其他所有种子、虫蛹、土块、小石子、碎茎秆及本种中已失去发芽能力的种子。

种子净度低,混杂物多,对贮藏和播种以后的产量与质量都有不良影响。因此,在贮藏与播种前应加以精选。

2. 种子千粒重测定 是鉴别种子是否饱满、充实、整齐的方法,除用肉眼观察以外,还采用测定千粒重的方法。

将样品充分混合均匀,随机取出 1 000 粒,称重,应重复测 3 次以上,取平均值。

根据种子千粒重可以求出 1 000 克种子的粒数,根据种子千粒重和单位面积要求的株数,可以求出播种量。

3. 种子发芽率和发芽势的测定 种子发芽率是指在最适宜的发芽条件下,发芽种子占所测种子的百分比。种子发芽势是指在规定的时间内发芽种子的数量占全部种子的百分比。计算公式如下:

$$种子发芽率(\%)=\frac{全部发芽种子粒数}{试验种子总粒数}\times100$$

$$种子发芽势(\%)=\frac{规定天数内发芽种子的粒数}{试验种子总粒数}\times100$$

种子发芽率的高低关系到种子是否适宜播种以及播种量的多少。一般种子在播种前需进行发芽试验。

试验方法:先在所用容器内(碟子或陶瓷浅盘或培养皿)铺一层经洗涤干净、最好经过消毒的粗沙或滤纸,上面放一层滤纸或纱布,作为发芽床。将试验种子分成 4 组,根据种子大小，每组50～100粒，分别放入4个发芽床内。粒与粒要保持一定距离，通常不能小于种子本身大小，以防带病种子发霉感染，发芽床放在发芽箱内，或温度适宜地方。每一发芽床要注明种子名称、开始试验日期、种子粒数等，定期观察、登记发芽情况。

种子发芽率和发芽势的计算应取供做发芽试验4组样品的平均值。

4. 种子适用率的测定 在生产上种子实际可被利用的百分数称为适用率。用适用率可计算出实际播种所需种子量。适用率用种子的发芽率和种子的净度计算。例如，净度为95%，发芽率为90%，其适用率为：

适用率(%)＝发芽率×净度×100

＝90%×95%×100＝85.5%

已知种子适用率，便可推算出播种量。例如种子适用率为85.5%，原定播种量3千克/667平方米，实际播种量为：实际播种量＝原定播种量/种子适用率＝3/85.5%＝3.5(千克)。

三、标准化生产的种子处理

种子处理就是利用物理或化学的方法人为地把种皮外侧的胶质层和栅栏状细胞的厚壁破坏掉，使种子能够透气吸水，从而提高种子的发芽率。甘草可以用种子直接播种繁殖。

1. 浓硫酸浸种 浓硫酸浸种也称化学处理法，是利用硫酸对种皮的腐蚀作用，使种皮变薄，此方法发芽率高于其他方法，但操作技术要求高。一般用于少量种子的处理。

先将种子倒入清水中，捞去浮在上面的秕子、果荚碎片等,浸泡1~2天,用孔径3毫米的筛子选出已经膨胀的种子(这些种子可正常发芽),将其余干硬种子捞出晒干,放入耐酸的容器(大缸或瓷盆)中,每100千克种子加入80%的浓硫酸2 500~3 000毫升,用棒迅速搅拌,使硫酸均匀粘在种皮上,待2小时左右,先取出少量种子用清水洗去酸液观察,如每粒种子种皮上出现酸蚀黑斑,表明种子已处理好,即可中止处理。用大量清水冲洗掉种子表面的酸液,立即播种或晾干存放,其发芽率可达90%左右。处理时间与温度和加酸量有很大关系,气温高时处理时间宜短,加酸量多处理时间也可短些。用硫酸处理种子要注意安全,防止损伤衣服和皮肤,并妥善处置好用过的硫酸液。

2. 碾米机碾磨 碾米机碾磨也称物理处理法,一般选用立式、离心式碾米机快速旋转,将种子按大小分成2~3级分别碾磨。碾磨时,要通过机械手段降低碾米机的转速,转速以1 500转/分为宜。碾磨的标准以划破种皮,但又不损伤子叶、种子不碎为宜。打磨次数要掌握适度,一般碾1~2遍,使种皮擦伤发毛,在种皮上形成划痕或在种子棱角处造成小片状脱皮而又不将种子碾碎为宜,不能多次打磨造成过度破损而影响发芽率。磨后筛去碎粒和杂质,发芽率可提高至85%以上。此方法适合处理大量种子,但种子破损率高于其他处理方法。

3. 沙磨处理 把甘草种子和洁净的河沙按1∶1~1.5的体积比混合,装入容器中,反复搅动,使之摩擦,待种皮不发亮时,即可播种。此法费工,仅适合于少量种子的处理。

4. 水浸沙藏处理 播种前2个月左右,先将甘草种子用60℃的温水浸泡4~6小时,浸泡时要进行多次搅动,捞出后用清水洗去黏液,沥干,用5倍于种子的清洁细河沙混拌均匀，细沙湿度以用手握见水但不滴水为度。然后将混拌均匀的种子装入木箱内，四周用未拌种子的湿沙培严，上面再覆上3～5厘米厚的潮湿细河沙。最后将种子箱放入事先准备好的窖内，四周用潮土培上，窖的上面盖上湿草帘即可。沙藏窖要选在地势高、干燥、背风、背阴处，窖内不能积水。贮藏时要经常检查湿度，如过分干燥可将种子箱取出，淋水拌匀，使湿度达到适宜时重新贮藏；如水分过多，可搬出种子箱晾晒。经2个月左右沙藏即可播种。此法适合处理大量种子，并且适于秋播的种子处理。春季播种用此法处理，会因沙藏期间的温度太低而影响出苗率。

5. 增温复浸 将种子用60℃温水浸泡6～8小时后，可见种子在水中分离成两层。下层为未吸水的种子，上层为吸水饱满的种子（约占2/3），但不浮出水面。可随倒水将浮在上层的已浸开的种子漂出，反复几次直至把浸开的种子全部漂出。再将下面未浸开的种子放入100℃的开水中浸2～3秒钟，捞出，立即放入凉水中，使种皮受到冷热刺激，而后再放入60℃温水浸泡2～4小时，此时种子已处理好，将其与漂出的种子合在一起，用清水洗去黏液，即可作播种用。

也可将经60℃温水浸泡4～6小时的种子捞出，放到温暖处，用湿布覆盖，每天用清水淋2次，待大多数种子裂口时即可播种；如每天用30℃～40℃温水淋种，可缩短催芽时间。此法适合处理少量种子。

6. 沸水浸泡 将种子用纱布包好，置于沸水中烫10秒钟，迅速取出，再放入冷水中浸30分钟，然后把种子重新放入温水中，直到使种子膨胀。

处理好的种子在播种前要视土壤墒情和气候特点进行温水浸种。播种时若气温高、水分蒸发快、土壤墒情不好时，可在播种前1天，用40℃温水浸种8～16小时，待种子膨胀，少部分出现裂口时，捞出控干，进行播种，但注意浸泡后的种子不能与种肥直接拌种，以防烧苗。

不论用上述哪种处理方法，处理前都要对种子进行风选或水选，将杂质、未成熟的秕籽、虫蛀的种子除去后再进行种子处理。

四、标准化生产的种子直播

种子直播种植的优点是操作技术简单，投资少，省工省时，在水分条件较好的地区易大面积、机械化种植。缺点是植株生长不整齐，产量较低，采挖时费工费力，且根状茎比例较大，商品甘草的等级草比例小。标准化生产的种子直播主要包括：选地整地、播种期、播种深度、播种量。

(一)选地整地

选择土层深厚、肥沃、疏松透气、排水良好、地下水位1.5米以下，pH值8左右的沙地、草原、沙坨、河岸及荒漠与半荒漠环境中的砂质土壤。不宜选择土质黏重、重盐碱地及排水不良的地块。在大规模种植的情况下，应选择有利于实行机械化生产、集约化经营、规范化管理的地块。

在种植甘草头年秋季，应对选好的地块深耕1次，耕深不小于35厘米。在春播前再耙耱1次，为了便于灌溉，土地应整理成200～300平方米的小畦，小畦内更要精细整地，达到地平、土细、墒足，上虚下实的良好状态。播种前3～4天浇好"座水"，待能够作业时浅耙1次，严格掌握耙深，最深不能超过3厘米。为了保证苗期的土壤肥力供给，有条件的地区，在秋翻地时可采用秋施肥技术，每 667 平方米施厩肥或堆肥 2 500千克，或每 667 平方米施磷酸氢二铵 40 千克。

（二）播种期

甘草适宜播种期的确定，除视播种地区气候、土壤和供水状况外，还要根据播种后的越冬率、根系伸长、主根长度、主根粗度、地下生物量等综合指标安排。

1. 播种期对甘草越冬性的影响 甘肃农业大学和甘肃农业职业技术学院 2005～2006 年在甘肃武威市石羊河林场的试验结果表明，不同播种期甘草的越冬率均达到 90%以上，在干旱风沙气候环境中出现这样的结果，说明甘草适应干旱环境，对播种期的生态适应性广，同时也说明目前栽培甘草的野生习性尚未完全丧失，这种对播种期适应度宽的特性是野生甘草保持种源的基础(表 3-1)。

表 3-1 不同播种期对甘草越冬率的影响

播种期（月/日）	越冬前苗数（株/平方米）	越冬前苗数（$\times10^3$ 株/667 平方米）	地上高度（厘米）	越冬后苗数（株/平方米）	越冬后苗数（$\times10^3$ 株/667 平方米）	越冬率（%）
04/23	65	43.35	33～40	65	43.35	100
05/17	73	48.69	43～50	73	48.69	100
06/13	69	46.02	18～23	67	44.69	97.1
07/08	77	51.35	8～10	74	49.36	96.1
08/02	81	54.03	5	73	48.69	90.1

注:越冬前指 2005 年 10 月 4 日测定;越冬后指 2006 年 4 月 26 日返青前测定

2. 播种期对甘草根系伸长的影响 在甘草生长发育期间对其根系生长特征的测定结果(表 3-2)表明：5 个播种期播

种的甘草根系都能良好生长。2005 年 10 月 4 日进行越冬前的测定，4 月 23 日至 8 月 2 日间 5 个不同时期播种的甘草差别较大，4 月 23 日播种的根长已达 50.3 厘米，而 8 月 2 日播种的根长只有 20.4 厘米，相差 29.4 厘米，且表现出根长随播种期的推后而递减的规律；2006 年 4 月 26 日、7 月 28 日和 7 月 20 日测定结果，最早播种的和最迟播种的根长依次相差 26.9 厘米、16.1 厘米和 22.2 厘米，表现出根随生长期的延长差距明显缩小的趋势；将 5 个播种期的甘草根系长度进行越冬前、后比较，表现出越冬后甘草的根系都有不同程度的伸长，说明在越冬期间甘草根系仍在生长，其中 8 月 2 日和 7 月 8 日播种的甘草幼苗生长最快，根系生长率分别达到 45.1% 和 21.9%，其他 3 个播种期播种的甘草根系生长率也在 12% 左右；从 2006 年 7 月 28 日和 2006 年 8 月 20 日两次测定结果进一步分析表明，越冬后 5 个不同播种期的甘草根系生长迅速，但 8 月 2 日和 7 月 8 日播种的甘草根系生长得最快，根系生长率分别达 44.3% 和 99.2%，而 4 月 23 日播种的根长伸长率仅 14.9%，说明播种期晚的甘草根系表现出“追长效应”。

表 3-2　不同播种期对甘草根系伸长的影响

播种期（月/日）	越冬前根长（厘米）	越冬后返青前根长（厘米）	越冬根系生长率（%）	2006/7/28 根长（厘米）	2006/8/20 根长（厘米）	不同播期平均根长（厘米）	根系生长率（%）
04/23	50.3	56.5	12.3	58.3	70.9	59	14.9
05/17	49.6	55.1	13.5	56.1	75.2	59	34.0
06/13	48.8	54.7	12.1	54.9	74.2	58.1	35.6
07/08	21.4	26.1	21.9	54.8	52.0	38.6	99.2
08/02	20.4	29.6	45.1	42.2	42.8	33.7	44.3

3. 播种期对甘草根系增粗的影响 不同播期播种的甘草根系均有随根系伸长而不断增粗的习性，比较越冬前、后不同播种期甘草根粗无一例外地都有变细趋势，其原因是甘草根系在越冬时为了抗拒严寒，均要消耗大量的糖分和其他有机物质。从 2006 年 7 月 28 日和 8 月 20 日的两次测定分析，越冬返青后幼苗的根系增粗较快，4 月 23 日、5 月 17 日、6 月 13 日、7 月 8 日和 8 月 2 日播种的甘草根头直径增粗率依次为 51.8%、90.3%、91.3%、130.2%和 94.7%（表 3-3），同样表现出播种晚的根系增粗速度超过播种早的，具有明显的“追粗效应”。就整体趋势分析不同播种期播种的甘草根头直径，仍表现为播种越早的其根系越粗。

表 3-3 不同播种期对甘草根系增粗的影响

播种期 年/月/日	越冬前根头直径（毫米）	越冬后返青前根头直径（毫米）	2006/7/28 根头直径（毫米）	2006/8/20 根头直径（毫米）	根系增粗率（%）
05/4/23	8.7	8.3	8.4	12.6	51.8
05/5/17	6.8	6.2	10.4	11.8	90.3
05/6/13	6.1	5.8	9.0	11.1	91.3
05/7/8	4.5	4.3	6.5	9.9	130.2
05/8/2	4.0	3.8	4.5	7.4	94.7

4. 播种期对甘草生物量（鲜茎叶和鲜根重）的影响 2006 年 7 月 28 日和 8 月 20 日对甘草单株地上茎叶和地下根系的鲜重进行测定，结果（表 3-4）表明：不同播种期播种甘草的单株总鲜重、地上茎叶鲜重和根鲜重，都表现为播种越早鲜重越重，这一现象与根长、根粗的测定结果相吻合。从根鲜重占总

鲜重比来看，两次测定有所不同，4 月 23 日播种的甘草第一次测定和第二次测定分别为 61.1%和 39.7%；5 月 17 日播种的依次为 61.5% 和 55.5%；6 月 13 日播种的依次为 69.9%和 58.8%；7 月 8 日播种的依次为 63.3%和 64.9%；8 月 2 日播种的依次为 74.6%和 54.0%，表现为播种期越晚根重占总生物量的比重越大，说明甘草在晚播时，为了充分发挥地上茎和根系生长发育的“追长”和“追粗”效应，使相对多的光合产物转移到地下根系之中，这一规律的揭示对提高栽培甘草根产量具有十分重要的意义。

表 3-4 不同播种期对甘草生物量的影响

播种期(年/月/日)	06/7/28 甘草鲜重			根鲜重占总鲜重比(%)	06/8/20 甘草鲜重			根鲜重占总鲜重比(%)
	单株总鲜重(克/株)	地上茎鲜重(克/株)	根鲜重(克/株)		单株总鲜重(克/株)	地上茎鲜重(克/株)	根鲜重(克/株)	
05/4/23	36.0	14.0	22.0	61.1	98.3	59.3	39.0	39.7
05/5/17	44.4	17.1	27.3	61.5	69.0	30.7	38.3	55.5
05/6/13	33.9	10.2	23.7	69.9	58.2	24.0	34.2	58.8
05/7/8	30.0	11.0	19.0	63.3	35.9	12.6	23.3	64.9
05/8/2	6.3	1.6	4.7	74.6	20.0	9.2	10.8	54.0

5. 人工种植甘草最适播种期选择及苗期对温度的适应

试验表明，10 月份播种不能出苗，9 月份播种幼苗不能安全越冬，4 月中旬至 8 月上旬为适宜播种时间，4 月下旬至 5 月中旬为最佳播种时间。实际生产中，地温回升较快或水浇地可适当早播(温度超过 7℃即可)，在春季土壤干旱、晚霜较迟或风沙危害频繁的地区，为避开风蚀沙埋季节，可适当晚播。

甘草是喜温植物，其生长发育受温度影响很大。种子萌发的基点温度为：最低气温6℃，最适气温25℃～30℃，最高气温40℃。低于5℃种子不能萌发，高于40℃种子易霉烂。幼苗期生长的最低气温为6℃～8℃，这时生长缓慢，长势弱；随温度升高，幼苗期生长速度加快，长势加强。根据观察，当气温升高到20℃～25℃时，甘草生长迅速，根、茎、叶增长量都较大。甘草幼苗能忍耐－3℃～－1℃的短时间低温，温度降到－5℃以下，地上茎叶遭受冻害而枯死。人工种植的甘草幼苗，较相同生育期的野生甘草耐寒，而苗期又较开花期耐寒。

（三）播种深度

甘草的播种深度与土壤质地、墒情有密切关系，出全苗、出壮苗是甘草后续生长的基础。播种过浅，常因风吹、干旱影响发芽出苗，或虽然种子萌发，胚根却未扎进土壤就早期死亡；播种过深，会因种子顶不出土而大幅度降低出苗率，而且生育期延迟。各地可根据当地的土壤质地和墒情确定适宜的播种深度。

研究人员在鄂尔多斯市对松沙土、中壤土和轻黏土3种质地的土壤，分别设置了播种深度为1厘米、2厘米、3厘米、4厘米、5厘米5个水平，在大田和室内对甘草播种深度及土壤质地与出苗的关系进行了3年的试验和调查。甘肃省治沙研究所在质地为砂壤土的基质上，覆盖不同厚度（0.5厘米、1厘米、1.5厘米、2厘米、2.5厘米、3厘米）的基质（粗沙、细沙、砂壤土、壤土）上，进行互为水平的两个因素田间试验。还在甘肃武威石羊河林业总场义粮滩分场进行调查，并在砂壤土上设置了播种深度为0.5厘米、1厘米、1.5厘米、2厘米、2.5厘米、3 厘米、3.5 厘米 7 个水平的试验，试验结果与甘肃省治沙研究所、鄂尔多斯市的试验结果基本相同，即在正常条件下，播深控制在 2～2.5 厘米为宜。北京市大兴时珍中草药技术研究所研究认为，甘草幼芽茎伸长一般为 2～3 厘米，宜浅播。最佳播深为 2 厘米。

（四）播 种 量

播种量根据种子发芽率的高低、种植地的土壤情况、甘草的生长期及播种方法而定。通常，种子发芽率高，播种量应少些，发芽率低的播种量应多些；土壤质地为砂质或砂壤质、墒情好，可适当减少播种量，质地黏重或含盐碱量大的土壤要相应加大播种量；准备种植 2 年即收获甘草（以生产原料草为主），播种密度宜大，种植 3～4 年才收获甘草的，播种密度相应要少些。一般播种量要根据适宜的保苗数，按种子的千粒重、发芽率及出苗率进行计算。

其公式为

播种量（千克）＝每 667 平方米保苗数×千粒重（克）/ 发芽率（%）×出苗率（%）×1000×1000

或播种量（千克）＝每 667 平方米保苗数/每千克种子粒数×发芽率（%）×出苗率（%）

具体讲，发芽率在 85%以上的种子，播种量为 1.5～2.5 千克/667 平方米。砂质或砂壤质、墒情较好的地块，若准备 2 年收获甘草，播种量为 1.5～2.0 千克/667 平方米；若 3～4 年收获，则播种密度不宜过大，一般播种量为 1～1.5 千克/667 平方米。若土壤质地黏重或盐碱含量高而影响出苗率的地块，准备 2 年收获甘草，播种量要增加到 3 千克/667 平方米左右；若 3～4 年收获的，播种量为 2.5 千克 /667 平方米左右即可。穴播的用种量应少于条播。

在甘肃省河西地区，水肥条件匹配较好，生产水平较高，播种量控制在 2.8～3.5 千克/667 平方米，使密度保证在 3 万～3.5 万株/ 667 平方米。覆沙播种可有效提高出苗率，适当减少播种量。

（五）播种方式

根据地形地貌、气候条件可灵活选用穴播、撒播、条播 3 种方式。

1. 人工播种 按行距 25 厘米开浅沟，沟深 3～4 厘米，将种子均匀撒入沟内，播种后覆沙 2～3 厘米，或覆土 1～2 厘米。

2. 机械播种 在绿洲地区（如新疆、甘肃等内陆灌溉农业区）多采用机械条播。播种时采用拖拉机牵引 10 行小麦播种机，调节播种机的排种器和播种深度到符合农艺要求。用 10 行播种机，需堵住 5 个排种孔，隔行播种，行距 25～30 厘米，或者使用甘草专用播种机播种，行距 25 厘米，播种深度 2～2.5 厘米。为有效控制播种深度，播种时要注意行走速度，行走过快易造成过量“浮籽”。播种时如有漏种子现象，可派人跟在播种机后，用脚将露在外面的种子用土埋好，同时检查播种质量。播种前 3～4 天浇好“座水”，播后及时覆土耙耱保墒。在土质黏重的地块上播种，可采用改进的肥料分层播种机播种，播种时在肥料箱中装上干净细沙，种子播后可一次性覆沙 0.8～1 厘米。播种后根据墒情和土壤类型浇水补墒，一般 7～12 天出苗。沙性无盐碱或轻度盐碱土壤可在播后灌水。

地形复杂，起伏较大的地块，宜用穴播，既便于播种又节省种子。对于不利于整地的流沙地或半流沙地，可乘雨季撒播种植，但撒播一定要掌握好将种子撒均匀，最好是包衣种子。

五、标准化生产的育苗移栽

育苗移栽是目前甘草栽培中普遍采用的技术，即先在苗圃中育苗 1 年，当年秋季或翌年春季将苗移入大田栽植。育苗移栽比大田直接播种具有节省种子，缩短甘草生育期，克服其自然更新慢，提高成活率，成品草中高等级草比例大，入土浅便于采收等优点，是一种高产、优质、高效的栽培技术。

（一）育　苗

1. 选地施肥　育苗甘草根深、株茂、生长周期短。要育成优质苗，必须选择茬口适宜、土壤肥沃、质地疏松、保水保肥、排水良好的土地种植。播前深翻 25～35 厘米，结合耕翻每 667 平方米施入优质农家肥 2 500～3 000 千克，磷酸氢二铵 20 千克，耙耱整畦（一般畦面积 100～300 平方米），浇足水待播。

2. 精细播种

（1）播种量　育苗田播种密度要大于种子直播法。一般每 667 平方米播种量 4～8 千克，保苗 8 万～10 万株，移栽苗 6 万～8 万株即可。通常培育 667 平方米种苗可栽种3 330～4 666 平方米大田。如采用机械播种，播种量要大于人工播种量，播种量 8～12 千克，667 平方米保苗 10 万～12 万株。

（2）播种期　甘草育苗的播种时间春、夏、秋季均可，但以春季 4～5 月份下种最好。

(3)播种方法　通常采用畦作。畦宽 1.1～1.2 米，开 4 条宽 10～15 厘米，深 1～5 厘米的浅沟，行距 25～30 厘米，畦两边各留 15 厘米。播种时可用绳拉线开沟，将种子均匀撒入沟内后覆土。有灌溉条件的地方可播浅些，约 1 厘米；无灌溉条件的干旱地区可深些，约 2～3 厘米。在风沙大的干旱地区更要深些，约 4～5 厘米。播种后覆土，稍压实，刮平畦面。

为防止草害，播种前可结合耕地、整地、做畦，在垄面喷施氟乐磷除草剂，每 667 平方米用量按说明书减药量的 1/5 使用为宜，喷药后应隔 5～7 天播种。

3. 苗田管理

(1)盖草保温　播种后盖草保温，保持出苗前表土湿润。如无盖草，视苗床墒情及时、适量浇水，以利于种子生根发芽。当出苗达 50%时，揭去盖草，浇水保墒，以待齐苗。

(2)浇水施肥　当幼苗长到 10～15 厘米时，随浇水追施 1 次氮肥，如尿素或硝酸铵等，每 667 平方米用量 10～15 千克。随着幼苗的生长，逐渐减少浇水次数，以利于根系向深土层生长，培育健壮种苗。

(3)中耕锄草，防止害虫　幼苗期要及时中耕，清除杂草，疏松土壤，防止地表板结，杂草丛生繁衍过快的地块，苗期最少要锄草 3 次以上。

(二)移栽定植

1. 移栽苗的标准　在当年土壤封冻前或翌年土壤解冻后，即可出圃 1 年龄苗，如需大苗，可继续管理 1 年，为 2 年生苗。1 年生苗主根长要求达到 40 厘米以上，苗径>0.8 厘米，单株鲜重>19 克；2 年生苗要求达到长度 40 厘米以上，苗径>1 厘米，单株鲜重>22 克。使用 1 或 2 年生苗的甘草移栽时,2 年生苗的甘草生物量大,根径粗,甲、乙高等级草产量也高。春季播种的翌年春季可以移栽,秋后播种的第三年春季移栽。

2. 移栽季节 春季或秋季均可移栽,一般多采用春季移栽。有资料表明,当年秋季移栽比翌年春移栽生长快、产量高。但不同种植地区气候条件不一样,秋季移栽的成活率高低不同,平均土壤温度高的地区,成活率高;反之,成活率低。所以,移栽时,要根据各种植地区的气候条件选择移栽的季节。经验做法是,种植冬小麦的地区可考虑采用秋季移栽,种植春小麦的地区则采用春季移栽。

(1)春季移栽 一般在早春地解冻以后到出苗前,从育苗畦的一端开始,先贴苗垄开一深沟,顺垄逐行采挖甘草苗,挖深 40 厘米以上,将种苗小心挖出,切忌碰伤根头,力争全苗。将苗径(指根头下 1～2 厘米处)0.7～1 厘米、长度 30～50 厘米的苗挑选出,扎成捆,剪去枯枝,切去根梢,粗细分开,分别栽植。粗度和长度不足的幼苗可另选地块栽种。种苗要随起随栽,严防失水干枯。有条件的移栽前可用生根粉、多菌灵浸蘸根部。在可移栽季节里,移苗早,产量高,根也粗壮;移苗晚,产量低,根也细,一般以 4 月份移苗最好。

(2)秋季移栽 秋季移栽时,挖出的种苗根芦头(根、茎结合部)以上要留出 5 厘米的茬和横茎,并切忌将根芦头的越冬芽和须根剪掉。移栽方法同春季移栽。栽后最好在上冻前浇 1 次定根水。如秋末不移栽,但必须挖苗腾地或防苗冻伤时,挖出的种苗可选择背风向阳、温度、湿度适宜的地方进行假植,翌年开春移栽。种苗移栽后 15 天左右开始出苗。

3. 定植密度 定植密度大,其产量高,但单株鲜重降低,甲、乙高等级草比例降低。甘肃农业大学和甘肃农业职业技术学院在武威市石羊河林业总场义粮滩分场，设了 6 个定植密度处理试验，即 1.6 万、1.8 万、2 万、2.2 万、2.4 万、2.6 万株/667 平方米，研究了甘草在不同定植密度条件下的生长规律。试验结果表明，随密度的增大株高降低，芦茎减小，主茎分枝数减小。株高和芦茎以定植密度 1.8 万～2.2 万株/667 平方米为最佳。而且，在不同密度下，甘草单株根干物质积累、单株地上部分干物质积累和单株根茎干物质积累具有相同的趋势，都随种植密度增大，干物质积累量减小。从经济效益考虑，生产上种植以每 667 平方米定植 1.8 万～2.2 万株为宜。

4. 移栽方式 栽植方式以平栽或斜栽为好，其单产、根长、根粗都高于传统的直栽方式。操作时，按行距 30～40 厘米，挖深 10～15 厘米、宽 25 厘米的沟，每条沟内交错摆入 2 行种苗，根头距地面 10～15 厘米。种根播放的斜度和深度，以土质、气候和种根粗细而定。在沙性强的干旱地区，可斜栽 10°～20°，盖土 8～10 厘米(根茎芽孢离地面距离)；沙性不太强或有灌溉条件的地方，可平栽或 5°～10°斜栽，盖土 6～8 厘米；根粗的栽深点，根细的栽浅点。覆土后用脚踏实，浇 1 次透水，待畦面不粘脚时，划锄保墒。

在大规模种植的情况下，应选择有利于实行机械化生产、集约化经营、规范化管理的地块机械移栽。机械移栽时，采用拖拉机带单铧犁顺平整好的移栽地开沟，沟深不少于 30 厘米，1 人扶犁，1 人随后撒播基肥(磷酸氢二铵 20 千克/667 平方米)，2～3 人顺翻起的垄沟呈 30°～40°角倾斜插放甘草移栽苗，株间距 10～15 厘米，甘草根头发芽眼部分一定埋入土层 2～3 厘米，不能外露土层以上。对超过 30 厘米以上的大苗，根上端倾斜插入，根尾部顺沟平放，不要打弯。一行栽完，接着翻第二犁,第二犁的土刚好把甘草移栽苗全株覆埋,再按上述顺序继续移栽,第一犁与第二犁的行间距一般保持 30～40 厘米,每 667 平方米定植株保持在 1.8 万～2.2 万株。

(三)根状茎移栽

根状茎移栽是利用甘草地下根状茎上的不定芽可萌发形成新植株的特点进行甘草无性繁殖的方法。此种方法的优点是在水分条件较差的地区植株生长发育优于种子繁殖,并且产量高,根条占的比例大,成品草在市场比较抢手。缺点是繁殖系数低,不适于大面积生产,可用于零碎地块的种植或补播。

1. 种栽选择与处理 在秋末或早春收获甘草时,粗根入药材。选择径粗 0.5～1.5 厘米、顺直、节间短、不定芽数目多的根状茎作种茎。选出的种茎剪成 10～15 厘米长的小段,每段带有 2～3 个芽的节,立即栽种,最好是当天栽多少剪多少,可以提高成活率;当日栽不完的种茎,用湿沙培好,第二天再栽。一般每 667 平方米用种茎 70～80 千克。

2. 栽植方法

(1)沟栽 在垄上开 8 厘米深沟,将种茎平放于沟内,株距 15 厘米,覆土 5～6 厘米,踩实后浇水,出苗前保持土壤湿润。

(2)畦栽 在畦上按行距 30 厘米×15 厘米开穴栽植,覆土 5～6 厘米,踩实后浇水。通常每 667 平方米用种量为 100 千克。

盐渍化荒地和干旱地块,可栽种深一些,10～20 厘米。有条件的,最好将截好的种茎置入 30 毫克/千克的赤霉素液中或生根粉中浸泡 3～5 分钟栽种,有利于提高出苗率。

根状茎繁殖的甘草出苗较慢，地温 18℃时，出苗率达到 80％时约需 20 天。所以，在这段时间里，务必做好抗旱保墒工作，保证畦面潮湿，以利于出苗。

第四章　甘草标准化生产的产地环境与肥料管理和水分调控

一、甘草标准化生产的产地环境标准

甘草的标准化生产应按产地适应性原则，因地制宜，重视“道地药材”的地理学和“原产地”概念。只有良好的生态环境，才能生产出无公害的甘草产品，这是无公害标准化生产的基础。生产基地应选择大气、水质、土壤无污染地区，要求在一定范围内没有各种污染源。灌溉水质要达到《农田灌溉水质标准》(GB 5084—1992)；产品加工用水要达到生产加工水质标准；生产基地大气环境要达到《环境空气质量标准》(GB 3095—1996)的二级标准；产地土壤环境质量要达到《土壤环境质量标准》(GB 15618—1995)的二级标准。

(一)甘草标准化生产的产地大气质量标准

甘草标准化生产产地对大气质量的基本要求，一般均应远离城镇及污染区，大气质量较好且相对稳定。在产地上方风向区域内，要求无大量工业废气污染源；产地区域内气流相对稳定，即使在风季，风速也不能太大。要求产地内空气尘埃较少，空气清新洁净；雨水中泥污少，清澈无色，pH 值适中，产地内所使用的塑料制品无毒、无害、不污染大气。大气质量指标需检测总悬浮颗粒物、二氧化硫、氮氧化物、氟化物等。

大气环境质量执行 GB 3095—1996 二级标准，日平均总悬浮颗粒物≤0.30 毫克/立方米，二氧化硫日平均≤0.15 毫克/立方米，一氧化碳日平均≤4 毫克/立方米，氮氧化物日平均≤0.1 毫克/立方米。一级的大气综合污染指数应小于 0.6；二级在 0.6～1；三级在 1～1.9；四级在 1.9～2.8；五级则在 2.8 以上。三级和三级以上的大气环境不宜中药材 GAP 基地的建设。

（二）甘草标准化生产的产地水质标准

水源质量是甘草标准化生产的重要因素，水源一旦污染，就会影响整个甘草标准化栽培的实施。甘草标准化生产的水源必须符合国家农田灌溉水质标准。具体要求是：产地内水资源丰富，水质质量相对稳定，如符合条件的地下水、大中型水库、大中河流等。水体清澈透明、无异味、水源周围无污染源，如粪堆、厕所、畜禽场、动物食品加工厂等。具体的检测指标有：pH 值、汞、镉、铅、砷、六价铬离子、氟化物、氰化物、氯化物、细菌密度、大肠杆菌密度、化学需氧量、生化需氧量以及溶解氧等。

农田灌溉水执行 GB 5084—1992 标准，按该标准规定，生化需氧量≤80 毫克/升，化学需氧量≤150 毫克/升；凯氏氮≤30 毫克/升，总磷（以磷计）≤30 毫克/升；pH 值 5.5～8.5；全盐，非盐碱土地区≤1 000 毫克/升、盐碱土地区≤2 000毫克/升；重金属总汞≤0.001 毫克/升，总镉≤0.005 毫克/升，总砷≤0.05 毫克/升，铬（六价）≤0.1 毫克/升；粪大肠杆菌群≤10 000 个/升；蛔虫卵数≤2 个/升。综合污染指数法的水质综合评价，一级水源的综合污染指数应在 0.5 以下，二级在 0.5～1；超过 1 时为三级，这时该水质超出警戒水平。

（三）甘草标准化生产的产地土壤质量标准

甘草标准化生产所要求的土壤质量，主要限制土壤耕层内的有毒离子，如汞、铬、镉、铅、铜、锌等。土壤中的有机氯和有机磷化物，如六六六、滴滴涕、油酚等的残留较少。土壤酸碱度适中，以中性和稍偏碱性的土壤为好。要求土壤既不黏重，又不过轻，一般采用壤土或砂壤土。土质肥沃、有机质含量高，土地平整、地下水位较低、便于灌溉，土壤中病、虫害残留较少。

土壤质量标准主要执行 GB 15618—1995 二级标准。国外制定的土壤污染物标准可供我国参照（表 4-1）。

表 4-1　一些国家土壤中几种污染物标准　（毫克/千克）

国家（或地区）	汞	镉	砷	铅	铬
欧共体	1～3	1～1.5	—	50～300	—
法　国	2	1	1	100	150
英　国	3.5	1	10	1000	—
德　国	3	2	20	100	100
美　国	3.56	5.34	—	40～80	—
前苏联	5	2.1	15	背景值＋20	Cr^{3+} ＋100 Cr^{6+} ＋0.05

我国对土壤污染物含量也有建议标准，如南京环境保护研究所和北京地区均制定了相应的标准。对土壤中滴滴涕、六六六残留量，根据我国果蔬、作物产品中允许的残留标准确定为：六六六≤0.2 毫克/千克，滴滴涕≤0.1 毫克/千克。绿

色食品生产基地土壤中六六六残留标准为0.3毫克/千克，滴滴涕为0.5毫克/千克。

综合污染指数用于土壤分级时，一级的综合污染指数为0.7以下；二级在0.7～1；三级在1～2；四级在2～3；五级则大于3。三级和三级以上的土壤已有一定程度的污染，不符合甘草GAP生产使用。

二、甘草标准化生产的产地污染预防治理

（一）甘草标准化生产的产地大气污染预防治理

1. 对大气污染进行监测 对大气进行持久的经常性的及时监测，可有效掌握污染物的种类和污染情况，以便提早采取防治措施。

（1）仪器分析和化学分析 由于环境污染因素很多，分析的方法也很多。常用方法有比色法、滴定法、气相色谱法、红外线法和原子分光光度法等分析污染物的含量。

（2）生物监测 利用生物对污染物的敏感性来测定污染物的含量，把对某种污染物非常敏感的生物叫"指示生物"。

2. 控制污染源 控制污染源是预防大气污染的关键措施。控制污染源的途径有改进工艺流程，使用高效低毒原材料，限制燃料含硫量，改善燃烧条件，安装脱硫集尘设备，控制排烟、排气，新建工厂要有防除公害的设备。也就是说，无公害生产基地要远离污染源，比如排放废水、废气、废渣的工厂。

3. 建造绿色屏障，发挥森林的净化作用 植树造林是防治大气污染的重要措施之一。因为森林有吸收有毒气体、阻

挡尘埃、补充氧气、吸收二氧化碳、防风固沙、涵养水源、调节温湿度、改良气候等作用，对环境有很大的净化作用。所以，在甘草产区四周种植树木，建造天然绿色防护林带，可预防大气污染。

（二）甘草标准化生产的产地水质污染预防治理

1. 生物膜法 生物膜法是由多种微生物群体所形成的一层黏膜状物，能将污水中的有害物质和有机物分解掉，净化污水。

2. 氧化塘法 是将污水在池塘中停留数天或数十天，水深0.5～5米，由于生物的作用，使污水得以净化，可除去90％以上各种有机磷农药，处理生活污水的效果也较好。

3. 活性污泥法 又称曝气法。活性污泥是一种绒絮状小泥粒，由需氧菌为主的微型生物群及有机和无机胶体、悬浮物等组成的一种肉眼可见的细粒。它有很强的吸附和分解有机物的能力，在强力通气条件下，使有害物质沉淀，净化水质。

（三）甘草标准化生产的产地土壤污染预防治理

1. 翻耕 把污染物质浓度高的土壤层翻至下层，而把浓度低的土层翻至上层，以此稀释耕层中污染物质的浓度。此法适用于耕层深厚的土地。另外，为使翻上来的新土熟化，还必须施用土壤改良剂或增加施肥量。

2. 施用客土和换土 客土系指在现有的污染土上覆盖一层从其他地方运来的无污染的土壤。客土的厚度一般为10～25厘米。换土系指将受到污染的耕层挖除，再添入未污染土壤。

3. 施用改良剂或抑制剂 了解污染物质是某种金属后，可以根据其特性和在土壤中的变化，来施用相应的改良剂或抑制剂以减少作物吸收该元素。

4. 增施有机肥或绿肥 以此提高土壤吸收容重，改善土壤微生物活动条件，分解污染物质，降低土壤污染的程度。

5. 改变耕作制度 旱田中滴滴涕、六六六降解速度很慢，残留量大，改水田后，降解速度加快，经过 1 年即可基本降解掉，水旱轮作是降解土壤污染的有效措施。

6. 生物措施 通过生物降解或植物吸收可以净化土壤。如蚯蚓能降解土壤中的农药、重金属及废弃物等；某些植物能吸收土壤中的镉；红酵母能降解剧毒的聚氯联苯等。

三、甘草标准化生产的施肥和管理技术

（一）甘草标准化生产允许使用的肥料种类

目前栽培甘草质量不高的主要原因之一是化肥施用过量，特别是氮素化肥的施用过量。提高甘草质量的一项重要措施就是大力推广科学施肥技术。要提倡多施生态肥料，防止化肥的过量施用，多施经充分腐熟的有机肥。要提倡平衡配方施肥，防止单一化肥，尤其是单一氮素化肥和微量元素化肥的过量施用。根据土壤中拥有的营养成分基础，了解甘草不同生长发育时期所需营养元素的量，合理适当地补充有机肥和化肥或微量元素肥料，这样就不会因土壤中某一种营养元素的过量而导致甘草体内营养失调。

肥料导致甘草中有毒的物质主要是指硝酸盐含量，而硝

酸盐含量常与所施用的肥料种类密切相关，施用肥料致使甘草中硝酸盐含量高低的顺序是：化肥＞沤肥＞高温堆肥＞生物菌肥。由于化肥中的硝态氮肥可使甘草中硝酸盐含量大幅度提高，生产中应限制化肥的施用，特别是硝态氮肥的施用。

生态肥料具有缓效性、持效性、无残留和无污染的特点，养分全面均衡，按比例逐步释放；能提高甘草品质，改善外观；不破坏土壤物理化学结构，不板结土壤，能提高土壤有机质含量，保持土壤最佳的养分动态平衡，培肥土壤，使得土壤保水、保肥和透气性能改善，过滤和降解土壤中的有毒有害物质；有利于土壤微生物区系的生存繁衍，促使土壤生态良性循环等。生态肥料主要有：农家肥、绿肥、菌肥、叶面肥、饼肥、腐殖酸类肥料、动物性杂肥、沼气发酵残渣等。

生产中常用的肥料种类按其性质分为以下几种。

1. 有机肥 有机肥包括堆肥、沤肥、厩肥、泥肥、饼肥、绿肥、秸秆肥和沼气肥等，指以有机物质作为基料的肥料。通常所指的有机肥主要是农村中就地取材、就地积制、就地使用的一切肥料，又叫农家肥料。有机肥含有大量生物物质、动植物残体、排泄物、生物废物等物质。施用有机肥料，不仅能为甘草提供全面营养，均衡供应养分；而且肥效长，可以改善土壤的理化性状和生物活性；增加和更新土壤有机质，促进微生物繁殖，提高药材品质，净化土壤环境，是甘草标准化生产的重要营养肥料来源。

2. 半有机肥料 半有机肥料也叫有机复合肥，是由有机和无机物质混合或化合制成的肥料。有的是经无害化处理后的畜禽粪便，加入适量的锌、锰、硼、钼等微量元素堆沤制成的肥料。有的是发酵废液干燥的复合肥料，以发酵工业废液干燥物质为原料，配合种植蘑菇或养禽用的废弃混合物制成的肥料。

3. 微生物肥料 微生物肥料是指用特定微生物菌种培养生产具有活性的微生物制剂，含有大量活性有益微生物个体的生物肥料。无毒、无害、不污染环境，通过特定微生物的生命活动，增加植物的营养，或产生植物生长激素，促进植物生长。包括腐殖酸类肥料、根瘤菌肥料、磷细菌肥料、复合微生物肥料等。生物菌肥一般由多功能复合菌体和工农业生产中含氮、碳的有机废弃物配制而成，主要依靠微生物的缓慢分解作用，发挥其肥效，有效减少中药材中硝酸盐的含量，改善中药材品质。菌肥在应用时不能与抗生素混合使用，可作基肥、种肥等。根据微生物肥料对改善植物营养元素的不同，可分成复合菌肥料、硅酸盐细菌肥料、磷细菌肥料、固氮菌肥料和抗生菌肥料 5 类。

4. 腐殖酸类肥料 腐殖酸类肥料是指泥炭、褐煤和风化煤等含有腐殖酸类物质的肥料。其结构与土壤腐殖质相似。腐殖酸类物质有一定的刺激作用，能促进作物生长发育，提早成熟，增加产量，改善品质。

5. 叶面肥料 叶面肥料是喷施于植物叶片并能被其吸收利用的肥料，也称根外追肥。叶面肥料种类多，大多为无机型，少量是有机型如氨基酸、腐殖酸等，能起到植物根系施肥所起不到的作用。使用时要严格控制浓度，以免烧伤叶片，通常浓度在 0.001%～1%。在植物生长需肥高峰期和最大生长期或缺素状态下使用，且要连续喷施几次。可以与其他农药同时喷洒。叶面肥料分为植物生长辅助物质肥料和微量元素肥料两类，植物生长辅助物质肥料是用天然有机物提取液或接种有益菌类的发酵液，再配加一些腐殖酸、氨基酸、藻类、维生素、糖及其他营养元素制成；而微量元素肥料是以铜、锰、铁、锌、硼、钼等微量元素为主配制的肥料。

6. 无机肥料 无机肥料是矿物质经物理或化学工业方式制成，养分是无机盐形式的肥料。包括矿物钾肥和硫酸钾、矿物磷肥（磷矿粉）、煅烧磷酸盐（钙镁磷肥、脱氟磷肥），还有石灰石（限在酸性土壤使用），粉状硫肥（限在碱性土壤使用）。

7. 其他肥料 可用于甘草生产的其他肥料包括不含合成添加剂的食品、纺织工业的有机副产品，锯末、刨花、木材废弃物等成分组成的肥料；不含防腐剂的鱼渣、骨粉、牛羊毛废料、骨胶废渣、氨基酸残渣、家禽家畜加工肥料和糖厂肥料等有机物料制成的肥料。

（二）甘草标准化生产的施肥原则

甘草标准化生产的施肥原则应是：以有机肥为主，其他肥料为辅；以多元复合肥为主，单元素肥料为辅；以施基肥为主，追肥为辅。尽量限制化肥的施用，如确实需要，可以有限度、有选择地施用部分化肥。但应注意掌握以下原则：①控制单一使用硝态氮肥，确保甘草品质稳定。②控制无机肥料用量，禁止超量施用化肥。③坚持有机肥料为主、化肥为辅的施肥方针，实现有机无机结合。④慎用叶面喷肥，防止造成污染。⑤实行配方施肥，确保肥料用量适宜，比例科学。

甘草标准化生产的肥料使用须掌握以下施肥技术。

第一，所用有机或无机肥料，尤其是富含氮的肥料，应对环境和甘草（营养、味道、品质等）不产生不良后果。

第二，尽量选用国家生产绿色食品的肥料使用准则中允许使用的肥料种类。可适当有限度地使用部分化学合成肥料，但禁止使用硝态氮肥。

第三，使用化肥时，必须与有机肥配合施用，有机氮与无机氮之比为 1∶1 为宜，大约厩肥 1 000 千克加尿素 20 千克（厩肥作基肥，尿素可作基肥和追肥用）。最后 1 次追肥必须在收获前 30 天进行。化肥也可与有机肥、微生物肥配合施用。其比例是：厩肥 1 000 千克，加尿素 10 千克或磷酸氢二铵 20 千克，再加适量的微生物肥料。

第四，饼肥对甘草的品质有较好的作用，腐熟的饼肥可适当多用。一般高氮油饼不含有毒物质，作为肥料只需粉碎就能施用。含氮量低的油饼常含有皂素或其他有毒物质，作肥料时需先经发酵，消除毒素。

第五，腐熟的达到无害化要求的沼气肥水，腐熟的人、畜粪尿可用作追肥。严禁在甘草上浇施不腐熟的人粪尿。在无公害中药材规范化生产中，人粪尿必须经贮存、腐熟后才适宜施用。

第六，绿肥的利用形式有覆盖与翻入土中、混合堆沤。栽培绿肥一定要在适宜的时期进行翻压，深度要适宜，盖土要严，翻后耙匀。我国绿肥资源丰富，多数植物无论是栽培的或是野生的都可用作肥料。在南方各省（自治区），主要利用冬闲田栽培紫云英、苕子、金花菜、箭筈豌豆、肥田萝卜以及蚕豆、豌豆和油菜等作为翌年主要作物的肥源。北方各省（自治区），以 1 年生绿肥居多，春季或夏季播种，种类有箭筈豌豆、草木樨、紫花苕子、豆类等。

第七，秸秆还田。有堆沤还田、过腹还田（牛、马、猪等牲畜粪尿）、直接翻压还田和覆盖还田等多种形式。秸秆直接翻入土中，要注意和土壤充分混合，不要产生根系架空现象，并加入含氮丰富的人、畜粪尿，调节还田后的碳、氮比为 20∶1。也可以用一些氮素化肥调节，使碳、氮比达到 20∶1。

第八，微生物肥料。可用于拌种，也可作基肥和追肥使用。使用时应严格按照说明书的要求操作。微生物肥料对减少甘草硝酸盐含量,改善甘草品质有明显效果,要积极推广应用。

第九,叶面肥料。可施用 1 次或多次,但最后 1 次必须在收获前 20 天喷施。

(三)甘草标准化生产对肥料的要求

1. 有机肥料 有机肥料一般均含有丰富的有机质和各种养分,它不仅是作物养分的直接供给源,又可活化土壤中潜在养分,增强土壤生物活性,促进物质转化,还能改善土壤理化性质,提高土壤肥力。这些作用是化学肥料所不能具备的。因此,各地应充分利用有机肥源,科学积制,合理施用。对其技术要求重点在以下几点。

(1)无公害化卫生标准 不管采用何种原料制作堆肥,必须经过 50℃以上 5～7 天的发酵,以杀灭各种寄生虫卵和病原菌、杂草种子,去除有害有机酸和有害气体,使之达到下列无害化卫生标准(表 4-2)。

表 4-2 高温堆肥卫生标准

项 目	卫生标准及要求
堆肥温度	最高堆温达 50℃～55℃,持续 5～7 天
蛔虫卵死亡率	95%～100%
粪大肠杆菌	10^{-1}～10^{-2}
苍 蝇	有效控制苍蝇孳生,肥堆周围没有活的蛆、蛹或新羽化的成蝇

高温堆肥的人粪尿贮存需注意的问题:一是加强保氮措

施，避免粪池露天敞口贮存、粪中加草木灰等碱性物质或晒大粪干等不科学的做法。对于暂时没有条件加棚、加盖的粪池，可以加一些干草、落叶、泥炭等吸收性强的物质作覆盖，以减少氨气的挥发；二是防止新鲜人粪尿对土壤、水源、作物等的污染。新鲜人粪尿必须经腐熟后才能施用；三是防止硫化氢中毒。人粪尿在长期发酵过程中，会产生大量硫化氢气体，当开盖取粪时，大量硫化氢气体对人有毒害作用。为此，在长期密闭的粪池出粪之前，要先用长柄工具伸入池内搅动，待硫化氢大量逸散后再取粪。

(2)堆肥应符合腐熟度的鉴别指标　见表 4-3。

表 4-3　堆肥腐熟度鉴别指标

指　标	堆 肥 性 质
颜色气味	堆肥的秸秆变成褐色或黑色，有黑色汁液，有氨臭味，铵态氮含量显著增高(用铵试纸速测)
秸秆硬度	用手握湿时柔软，有弹性；干时很脆，容易破碎，有机质失去弹性
堆肥浸出液	取腐熟的堆肥加清水搅拌后，(肥水比例一般为 1∶5～10)放置 3～5 分钟，堆肥浸出液颜色呈淡黄色
堆肥体积	腐熟的堆肥，堆肥的体积比刚堆肥时塌陷 1/3～1/2
碳∶氮	一般为 20～30∶1(其中五碳糖含量在 12%以下)
腐殖化系数	30%左右

堆肥按堆制材料和堆制方式的差异，可分为普通堆肥和高温堆肥两大类。普通堆肥是在较为嫌气条件下腐熟的，高温阶段不明显，腐熟时间较长；高温堆肥是在较为好气条件下腐熟的，由于加入了骡、马粪以接种好热性纤维分解菌，有明

显的高温阶段，可以较彻底地消灭有害物质，腐熟速度较快。

新鲜厩肥也必须腐熟后才能施用。腐熟的目的，一方面是通过微生物活动促使厩肥矿质化和腐殖质化，提高厩肥的品质；另一方面是消灭家畜粪和垫圈材料中的病菌、虫卵和杂草种子，以免危害作物。此外，腐熟厩肥比较松散、均匀，便于田间施用。厩肥堆积的场所，应选在厩舍附近干燥而庇荫的地方，离房舍和水源要有一定距离。厩肥的堆积方法可分为紧密堆积、疏松堆积和疏松紧密堆积3种。

(3)禽、畜类加工肥料　禽粪主要是指鸡、鸭、鹅等家禽的排泄物和海鸟粪。其营养成分，氮≥2.5%，五氧化二磷≥2.5%，氧化钾≥1.5%。禽粪中的氮素以尿酸盐为主，尿酸盐不能被作物直接吸收，而且有害于根系的正常生长；施用新鲜禽粪还能使地下虫害加剧危害，因此禽粪必须腐熟后施用。禽粪的积存方法，一般是将干细土或碎秸秆均匀铺于禽舍或禽场地面，定期清扫、积存、禽粪养分浓度高，容易腐熟并产生高温，造成氮的挥发损失，可以选择阴凉干燥处堆积存放。施用前加水沤制，或与其他材料混合制成堆肥或厩肥。在农村普遍利用人粪尿制作堆肥；如将人粪尿或人粪与碎土按一定比例分层堆腐制成大粪土，或按一定比例与作物秸秆、家畜粪尿制高温堆肥。这两种方法一般都用泥浆封堆，同时又有一些细土吸收肥分，所以可保蓄大部分养分。同时，在堆积过程中，微生物分解有机质产生的热量使肥堆内温度上升，可杀死大部分病原物，达到无害化要求。

(4)沼气发酵卫生标准　沤肥和沼气肥是嫌气条件下发酵的产物。沼气发酵卫生标准可用作其无公害化指标，也可用于3格化粪池处理法和密闭贮存处理粪便的卫生评价指标(表4-4)。

表 4-4　沼气发酵卫生标准

序　号	项　目	卫生标准及要求
1	密封贮存期	30 天以上
2	高温沼气发酵温度	53℃±2℃持续 2 天
3	寄生虫卵沉降率	95%以上
4	血吸虫卵和钩虫卵	在使用粪液中不得检出活的血吸虫卵和钩虫卵
5	粪大肠杆菌值	普通沼气 10^{-4},高温沼气 10^{-1}～10^{-2}
6	蚊子、苍蝇	有效控制蚊蝇孳生,粪液中无蚊子,池的周围无活的蛆、蛹或新羽化的成蝇
7	沼气池残渣	经无害化处理后方可作为农肥

2. 微生物肥料

(1)微生物肥料的生产　要求采用严格控制条件下的工业发酵过程,生产工艺必须符合微生物学的要求。生产过程的核心是菌种,其对土壤、作物、药材产品和人民健康关系重大,必须从严。作为微生物肥料的生产菌种必须认真检查,杜绝一切以植物检疫对象、传染病病原作为菌种生产微生物肥料。

(2)微生物肥料的功用　施用微生物肥料,就是通过人工接种方法,把微生物肥料中大量有益微生物加入到农作物根际和土壤中,通过它们的活动来提高土壤肥力,刺激作物生长和抑制有害微生物的活动。因此,微生物肥料中有效活菌的数量是微生物质量的重要标准之一,须符合农业部质量标准(表 4-5、表 4-6)。

表 4-5 微生物肥料成品无害化指标

序 号	参 数	单 位	标准限值
1	蛔虫卵死亡率	%	90～100
2	大肠杆菌值		$10A^{-1}$
3	汞及化合物(以汞计)	毫克/千克	≤5
4	镉及化合物(以镉计)	毫克/千克	≤3
5	铬及化合物(以铬计)	毫克/千克	≤70
6	砷及化合物(以砷计)	毫克/千克	≤30
7	铅及化合物(以铅计)	毫克/千克	≤60

(3)硫酸钾 营养成分:氧化钾≥50%;每1%氧化钾中,砷≤0.004%、氯≤3%、硅酸≤0.5%。

(4)煅烧磷酸盐 营养成分:有效磷≥12%;每1%五氧化二磷中,镉≤0.0015%、砷≤0.004%、锑≤0.04%、镍≤0.01%、铬≤0.1%。

(5)叶面肥

①微量元素营养成分 微量元素(铜、铁、锰、锌、硼、钼)总量≥10%;每含1%营养中,镉≤0.000075%、砷≤0.002%、锑≤0.02%、镍≤0.005%、铬≤0.05%。

②植物生长辅助物质肥料 是指含有腐殖酸、藻酸、氨基酸、维生素、糖及其他营养元素的肥料。营养元素,腐殖酸≥10%;藻酸≥5%;氨基酸≥10%,每含1%成分中,镉≤0.000075%、砷≤0.002%、锑≤0.02%、镍≤0.005%、铬≤0.05%。

表 4-6 微生物肥料产品质量标准成品技术指标

项 目	液体菌剂	固体菌剂	颗粒菌剂
外 观	无异臭味液体	黑褐色或褐色粉状、湿润、松散	褐色颗粒
水分(%)	—	20～35	<10
有效活菌数			
慢生根瘤菌(亿/毫升)	≥5	≥1	
快生根瘤菌(亿/毫升)	≥10	≥2	≥1
固氮菌肥料(亿/毫升)	≥5	≥1	≥1
硅酸盐细菌肥料(亿/毫升)	≥10	≥2	≥1
有机磷细菌(亿/毫升)	≥5	≥1	≥1
无机磷细菌(亿/毫升)	≥15	≥3	≥2
复合菌肥料(亿/毫升)	≥10	≥2	≥1
细度(粒径 毫米)	—	0.18	2.5～4.5
有机质(以碳计,%)	—	≥20	≥25
pH 值	5.5～7	6～7.5	6～7.5
杂菌数(%)	≤5	≤15	≤20

注 在产品表明的失效期前有效活菌数应符合指标要求,出厂时产品有效活菌数必须高出本指标 30%以上

(四)甘草标准化生产的施肥方法

1. 基肥 甘草的施肥要重基肥,多用农家肥。一般结合翻地或春季耙地每 667 平方米施用磷酸氢二铵 25～37.5 千克,硫酸钾 20～30 千克作基肥。有条件的种植户施 3 000 千克/667 平方米熟化的农家肥效果更好。使用适宜的肥料,可提高甘草产量。甘草对土壤中磷和钾反应较为敏感,在施肥

时要注意施用多磷、富钾类肥料。

2. 追肥 直播甘草在分枝期到封垄期(甘草 6～10 片真叶,苗高 10 厘米左右)结合浇水,每 667 平方米追施 15～20 千克尿素,促进甘草苗尽快封垄;翌年早春结合中耕追施 20 千克过磷酸钙,15 千克磷酸氢二铵;也可在早春尚未解冻,甘草萌发前用播肥机播施。第三年一般不再考虑追肥。甘草追肥要特别注意时节。幼苗期一般不追肥,若出现茎叶生长不良等严重脱肥现象,可通过叶面喷施磷酸二氢钾(浓度为 0.1%～0.2%)进行快速挽救。

3. 叶面施肥 试验表明,在甘草生长期视需要在叶面喷施 0.4%精肥王、1 000 倍液植物动力 2003、200 倍液钾天下等植物生长调节剂,能促进甘草生长,增产增收。叶面喷施植物生长调节剂有利于甘草的生长。张国荣等在盐池县甘草苗移栽田上于分枝期、开花期各喷施 1 次植物生长调节剂,1 000倍液植物动力 2003、1 000 倍液促丰宝、1 000 倍液爱多收、800 倍液高美施有机腐殖酸活性液肥试验,结果表明,喷施不同植物生长调节剂后,与对照相比,对地上茎叶生长量和地下根的发育都有显著增产作用,其中以喷施植物动力 2003 增产效果最好,分别比对照增产 36.28%和 32.37%,其次为爱多收。甘肃农业大学和甘肃农业职业技术学院在武威市石羊河林业总场义粮滩分场对直播甘草进行了喷施 1 000 倍液爱多收、1 000 倍液植物动力 2003、500 倍液多效唑、0.4%的精肥王和 200 倍液钾天下 5 种不同生长调节剂试验,研究了不同生长调节剂对甘草干物质积累、株高、根长及芦茎等的影响。试验表明,5 种植物生长调节剂对甘草生长发育均有程度不同的促进作用,对甘草株高、根鲜重、根长和芦茎等生长发育性状影响的综合评价为:喷施 0.4%的精肥王效果最好,其次是1 000倍液植物动力2003，200倍液钾天下和1 000倍液爱多收分别为第三和第四。所以，在甘草生长期视需要在叶面喷施0.4％精肥王、1 000倍液植物动力2003、200倍液钾天下、1 000倍液爱多收等植物生长调节剂，可促进甘草生长，增产增收。

4. 人工栽培甘草的氮磷钾适宜配合比和施用量 前人的综合研究显示，甘草在生长期间，前期需氮较多，中后期主要靠固氮来满足需要，磷、钾对甘草的根系生长更具促进作用。对民勤地区常年种植甘草土壤养分的测定结果显示，土壤多为缺氮、少磷、足钾；据民勤县沙产业协会试验，甘草施用钾肥效果依然明显；甘草施肥的适宜方法为70％的氮肥作基肥，30％的氮肥作追肥施用，磷、钾肥适宜一次性作基肥。民勤甘草多种植在荒漠区，在长期人工栽培的过程中，多采用将磷酸氢二铵和硫酸钾配合作基肥1次施用的方式，在长达3～4年的生长期间很少追肥或不追肥。

在民勤种植甘草的氮、磷、钾施用水平的试验研究结果表明，氮、磷、钾肥配施（$N:P_2O_5:K_2O$为1∶2.6∶2.2）时，在一定的范围内，甘草生物量、根长、根粗是随着施用量的增加而增加；适宜基肥施用量为氮4.5～6.75千克/667平方米、磷11.5～17.25千克/667平方米、钾10～15千克/667平方米，即磷酸氢二铵25～37.5千克/667平方米，硫酸钾20～30千克/667平方米；甘草的施肥要重基肥，多用农家肥。一般结合翻地或春季耙地每667平方米施用磷酸氢二铵25～37.5千克，硫酸钾20～30千克作基肥。有条件的种植户施3 000千克/667平方米熟化的农家肥效果更好。

在甘草生长的第二年，磷、钾肥对根系生长促进效应明显。

四、甘草标准化生产的浇水与排水管理技术

（一）甘草标准化生产的浇水技术

1. 直播甘草第一年浇水次数及浇水量 甘草苗期需要一定量的水分，应保持土壤湿润。若出苗前后久旱无雨要及时浇水，避免幼苗旱死。据在武威市石羊河林业总场义粮滩分场轻壤土上进行的浇水次数及节水量的试验研究，1年生甘草浇水5～6次、浇水量300～360立方米/667平方米时，植株高度、主根长度、芦茎粗度、地上茎叶和地下根茎鲜重均达到最大值，以浇水次数5次、浇水量300立方米/667平方米为最佳。生产上可通过控制浇水次数和每次的浇水量来控制甘草主根的长度，促使甘草向增粗方向发展。研究显示每次浇水量控制在50立方米/667平方米时，可将直播甘草的根长控制在80～100厘米土层内，使80%的根系生物量分布在50～60厘米的土层内，有利于机械化收获。

甘草播前应浇足底水。苗高7～10厘米时浇第一次水，至分枝期浇第二次水，以后可根据旱情适时掌握浇水。苗期浇水最忌积水和大水漫灌，要防止水多引起的地上茎叶徒长，主根长、毛根多，直接影响将来的出草率和商品价值。

2. 直播甘草第二、第三年浇水次数及浇水量 直播甘草第二、第三年生长期年需浇水3～4次，每次浇水量为60立方米/667平方米，已浇冬水的甘草一般在分枝期浇第一次水，时间大约掌握在6月份；若夏季高温时节，甘草茎叶出现较为明显的落叶现象，可浇第二次水；8月中旬至9月上旬要适时进行浇水。

3. 浇好冬水 甘草的越冬水一定要浇好、浇足，一般在12月上旬至翌年元月份安排浇冬水最好。一是可以贮水，保证甘草萌芽所需水分；二是对地下越冬的害虫有一定的杀伤力。

(二)甘草标准化生产的排水与节水技术

1. 排水技术 整地时，打垄、做畦都要有利于排水；栽培甘草的地块渗水性能差时，进入雨季要搞好排水；浇水严禁大水漫灌，严防田间积水，否则轻者会使商品甘草粉性不足，纤维粗，甜味不浓，重者烂根死亡。

2. 节水技术 种植甘草具有明显的节水效应。甘肃农业大学和甘肃农业职业技术学院在武威市石羊河林业总场义粮滩分场进行的节水试验结果表明：种植甘草比种植制种玉米节水160%～220%，比种植小麦节水90%～128%，比种植籽瓜节水37%～64%，与种植地膜食葵与地膜棉花的用水量相当。甘草在露地条件下种植用水量不比地膜食葵和地膜棉花的用水量高，说明其节水效果更加明显。

(1)小畦灌 为了便于灌溉，种植甘草整地时土地应整理成200～300平方米的小畦。做畦前适量浇水，畦面要平。畦面过高，不利于浇水；畦面过低，又有可能苗被淹。

(2)垄沟灌 垄沟灌是指在浇水沟垄背覆盖，灌溉水流在膜倒灌水沟中流动，并通过膜侧入渗到作物根区土壤内。

3. 覆膜技术 地膜覆盖栽培技术是当代农业生产中比较简单有效的节水、增产措施。为避免甘草苗期受到不良天气的影响，北京市大兴时珍中草药技术研究所、甘肃农业大学及甘肃农业职业技术学院等在不同地区开展了甘草地膜覆盖技术研究，取得了突破性进展，大大提高了甘草的出苗率和保苗率，为西北地区大面积种植甘草，提高产量和品质，提供了科学依据。

覆膜技术要点：①选择地势平坦、土层深厚、墒情好、杂草少、肥力中上等的地块。②清除杂草、前作的残茬、石块、木棍等障碍物。③浅耕、碎土，使土肥均匀；耙耱，使土地达到绵软、疏松、平整、无根茬、无坷垃。④选择厚度 0.005 毫米、幅宽 70 厘米或 120 厘米宽的强力超薄地膜覆盖地面，每 667 平方米用量 3～3.5 千克。⑤铺膜时 3 人 1 组，先在地头挖一宽度与地膜宽度相当的浅沟，将地膜放进 10～20 厘米，用土压实，然后 1 人滚动地膜，两人在两侧挖 5～7 厘米深的沟，把地膜边放进沟内压紧，膜面平直，使之紧贴地面，膜边用土压实。⑥每隔 1～2 米，膜面上都要压一土带，以防大风揭膜。

除用上述方法进行人工铺膜以外，还可采用机械铺膜。机械铺膜质量好，效率高，拉得紧，铺得展，还可节省地膜。但由于各地土质状况十分复杂，耕作制度、具体要求和操作习惯不同。常用的铺膜机有人力牵引式、畜力牵引式、步行式拖拉机牵引式、乘坐式拖拉机牵引式等类型。农用铺膜机是国家专利产品，是专门为农业采用地膜覆盖栽培技术而研究的新型农业机具。为了便于操作，可以采用覆膜穴播机，熟练驾驶操作，力争使膜间距保持在 20～25 厘米；播种深度 2～2.5 厘米。播种量 3 千克/667 平方米。

在不同播期的覆膜试验中，以 4 月 5 日播种盖膜的为最佳，不仅 2 片子叶时出苗率高，3 片真叶时成苗率最高，而且与对照露播区差异最明显。因此，大面积播种盖膜时间以 4 月上旬为宜。

从甘草苗前及苗后锄草试验看，地膜覆盖技术与除草剂相结合，效果较好，已应用于大田生产。通过覆膜与除草剂结合使用，对早春杂草起到了显著的抑制作用，但对甘草未产生药害。

地膜覆盖对甘草生长发育的影响试验表明，10 厘米土层地温明显高于露地，且较稳定，特别是春季有沙尘暴和寒流袭击时，能有效地提高地温，保护幼苗的正常生长；同一时期不同深度土壤含水量均高于露地，具有明显的保墒效应，尤其浅层土壤(10 厘米深度)含水量高，保墒效果更好；覆膜地植株地上高度明显高于露地直播，露地直播高于露地穴播；主根长度 7 月份以前覆膜地明显长于露地，8 月份以后覆膜地主根长度伸长减慢，主要向长粗方面转移，积累糖分和有机物质。芦径粗度覆膜地明显粗于露地直播和露地穴播；地膜覆盖栽培的甘草，生长发育良好，植株生长茂盛，生物产量、经济产量均较高，具有明显的增产效应。

4. 覆草技术 在早春甘草播种后覆盖作物秸秆(麦草、玉米秸、油菜秆、稻草等)、杂草及落叶等，每 667 平方米覆盖 1 000～1 250 千克，厚度 10～15 厘米。可调节地温，保土蓄水，减少土壤蒸发等。

5. 覆沙技术 机械化播种中，在土质黏重的地块上播种，可采用改进的肥料分层播种机播种，播种时在肥料箱中装上干净细沙，种子播后可一次性覆沙 0.8～1 厘米。覆沙播种可有效提高出苗率，适当减少播种量。

第五章 甘草标准化生产的病虫草害控制

一、甘草标准化生产综合控制病虫草害的途径

甘草标准化生产病虫草害的综合控制应从生物与环境整体观点出发，本着预防为主的指导思想和安全、有效、经济、简便的原则，因地制宜，合理运用生物、农业、化学及生态手段，把病虫草的危害控制在经济阈值以下，达到提高经济效益和生态效益之目的。

（一）植物检疫

植物检疫是根据国家制定的一系列检疫法令与规定措施，对植物检疫对象进行病虫草害检疫，以防止从别的国家或地区的疫区传入新的病虫、杂草，并限制当地的病虫、杂草向外传播蔓延的一项病虫草害控制工作，也是贯彻预防为主的一项具体措施。植物检疫，因涉及面与工作范围不同，分为国际检疫和国内检疫。

随着人工栽培甘草规模和范围的扩大，新的人工甘草栽培区逐步建立，必然出现甘草种子和种苗的调运，在甘草种子和种苗的调运过程中，有可能导致种子（苗）所带的病、虫害扩大蔓延。因此，必须在产区或种植经营机构对引进的甘草种子，繁殖材料及其包装用品进行检疫和必要的消毒工作，以杜

绝和控制病虫害扩大蔓延到新区。

应该指出的是：改革开放以来，随着市场经济的发育成熟，我国的物流市场异常活跃，包括甘草种子和种苗在内的农作物生产资料的调运日渐频繁，但相关部门对其检疫力度相对滞后，导致外来物种入侵造成危害的情况时有发生。因此，在甘草生产基地的建设中，必须严格的实行植物检疫制度，确保甘草生产不受外来物种的危害。

（二）农业控制

尽管病、虫、草害的控制近年来发展极快，在化学农药、生物农药、基因工程和现代光电技术领域取得了突破性的进展，在特定的时段、区域、作物和种类上发挥了积极作用，成为病、虫、草害控制的主流。但农业控制因其具有低成本、无污染、易普及、高效益等特点，仍是农作物病、虫、草害控制不可或缺的技术领域。常用的农业控制技术及作用为：①合理轮作，可以恶化病、虫、草的营养条件。②深翻土壤或晒土、冻垡，以恶化病、虫、草的生存环境。如深翻后，可将地表的病、虫和杂草种子深埋土中密闭致死，也可将土中的病、虫和杂草种子翻至地面被强烈的太阳光射杀或冻死。③除草和清洁田园，以降低病虫基数。④合理施肥和排灌，以减轻病虫害。施用经过沤制的腐熟肥料，病原菌和虫卵大幅度减少。土壤过干、过湿都不利于植物生长而有利于病虫害的发生。因此，要合理排灌。⑤调整茬口，进行避病、虫和杂草的栽培。⑥选用抗病品种，控制病虫危害。

（三）生物控制

利用自然界中的某些有益生物来消灭或抑制某种病、虫、草害的方法，称为生物控制。这些有益生物亦称为有害病、虫、草的“天敌”。生物控制能改变生物群落，直接消灭病虫害，并具有使用灵活、经济、对人类和天敌安全、无残毒、不污染环境、效果持久、有预防性等优点，对病、虫、草害控制有重要的现实意义。

1. 使用生物农药 生物农药有益于控制有害生物蔓延。每667平方米用Bt生物杀虫剂150～200毫升喷洒，7天喷1次，能有效地杀死豆荚螟的1～2龄幼虫。每667平方米用抗生素农抗120和武夷菌素500毫升对水40～50升喷雾，用浏阳霉素或阿维菌素2 500～3 000倍液喷洒，可控制红蜘蛛、螨虫、斑潜蝇。用农用链霉素或新植霉素4 000～5 000倍液控制甘草细菌性病害。

2. 天敌治虫

(1)*以虫治虫* 指利用捕食性益虫控制害虫，将捕食害虫的昆虫称为捕食性益虫。例如，螳螂、草蛉幼虫，某些瓢虫、食蚜蝇等。生产中可利用丽蚜小蜂控制白粉虱，利用七星瓢虫、草蛉控制蚜虫、螨类，利用青蛙控制蝶类、蛾类害虫。或利用寄生性益虫控制害虫。有些昆虫寄生在害虫体(或卵)内，在发育过程中逐步摄取寄主体(或卵)内的营养，最后使寄主死亡，或使卵不能孵化，称寄生性益虫。寄生性益虫主要包括寄生蝇和寄生蜂。在农业上应用最多的是赤眼蜂卵，通过人工繁殖，释放到田间可控制多种鳞翅目害虫。

(2)*以菌治虫* 以菌治虫包括利用细菌、真菌、病毒等天敌微生物来控制害虫。

3. 植物治虫 利用大蒜、洋葱、丝瓜叶、番茄叶的浸出液制成农药，控制蚜虫、红蜘蛛，利用苦参、臭椿、大葱叶浸出液控制蚜虫。

（四）物理控制

物理控制就是利用光线、温度、风力、电流、射线等物理因素和器械设备等物理机械作用来控制病虫危害。

1. 种子消毒 包括种子清选和温水浸种或开水烫种等。种子清选是利用有病虫害的种子重量一般比健康种子轻的原理，采用风选、水选、筛选等方法将有病虫的种子淘汰除去，保证用无病虫种子留种；温水浸种或开水烫种是对种子带的病虫害进行控制常采用的方法，以杀灭种子中的虫卵、幼虫或病菌。

2. 人工捕杀 对于活动性不强，为害集中或有假死性的害虫可以实行人工捕杀。

3. 诱杀 诱杀技术包括灯光诱杀、潜所诱杀和毒饵诱杀。

(1)灯光诱杀 是利用害虫的趋光性，采用黑光灯诱杀害虫。利用银灰色薄膜避蚜，防虫网隔虫；根据蚜虫、白粉虱对黄色有强烈地趋色性的特性，采用黄板涂机油的方法诱杀控制害虫。

(2)潜所诱杀 是用人工做成的适合于害虫潜伏或越冬越夏场所诱杀害虫的方法。

(3)毒饵诱杀 是利用害虫的趋化性诱杀害虫。如用炒香的麦麸拌药诱杀蝼蛄，糖醋酒液诱杀小地老虎等。

4. 高新技术控制 如利用脱毒技术可有效地减少病毒病的发生，从而提高产量。

（五）化学控制

应用化学农药控制病虫害的方法称化学控制法。其优点是作用快、效果好、应用方便、能在短时间内消灭或控制大量发生的病虫害，受地区性或季节性限制比较小，是控制病虫害中常用的一种方法。但若长期使用化学农药，害虫易产生抗药性，同时天敌被杀伤，造成害虫猖獗；且农药残留问题必须严加注意，应严格按照甘草标准化生产中农药使用准则使用农药，否则影响甘草的质量。

二、甘草标准化生产的农药施用准则及技术

（一）甘草标准化生产对农药的要求

甘草标准化生产中的农药使用准则可参照绿色食品生产的有关规定，生产绿色食品允许施用生物源农药、矿物源农药及限量使用部分有机合成农药。

1. 生物源农药 生物源农药，指直接利用生物活体或生物代谢过程中产生的具有生物活性的物质，或从生物体中提取出的物质作为控制病、虫、草害的农药。

(1)植物源农药

①杀虫剂 鱼藤酮、除虫菊素、烟碱、植物油乳剂。

②杀菌剂 大蒜素。

③驱避剂 苦楝、印楝素、川楝素。

④增效剂 芝麻素。

(2)动物源农药

① 昆虫信息素(或昆虫外激素) 如性信息素。

② 活体制剂 寄生性、捕食性的天敌动物。

(3)微生物源农药 包括农用抗生素和活体微生物农药。

①农用抗生素 控制真菌病害的有灭瘟素、春雷霉素、多抗霉素(多氧霉素)、井冈霉素、农抗 120 等；控制螨类的有浏

阳霉素、华光霉素。

②活体微生物农药　真菌剂有绿僵菌、鲁保1号；细菌剂如苏云金杆菌、乳状芽孢杆菌等；拮抗菌剂如"5406"、莱丰宁B_1；线虫如昆虫病原线虫；原虫如微孢子原虫；病毒有核多角体病毒、颗粒体病毒。

2. 矿物源农药　有效成分来源于矿物的无机化合物和石油类农药。

(1)矿物油乳剂　由天然矿物质中提取的油乳剂，如蒽油乳膏、煤油乳膏等。

(2)无机杀螨杀菌剂

① 铜制剂　硫酸铜、氢氧化铜、波尔多液等。

② 硫制剂　硫悬浮剂、石硫合剂等。

3. 有机合成农药　由人工研制而成，并由有机化学工业生产的商品化的一类农药，包括杀虫杀螨剂、杀菌剂、除草剂；在甘草无公害栽培生产中可限量使用(参考中药材GAP生产可使用的农药及安全使用标准、农药种类施行)。

(二)甘草标准化生产的农药使用准则

在甘草标准化生产中，高毒、高残留的农药不得使用，检出率应为0。应从作物病、虫害等整个生态系统出发，综合运用各种控制措施，创造不利于病、虫害孳生和有利于各类天敌繁衍的环境条件，保持农业生态系统的平衡和生物多样性，减少各类病、虫害所造成的损失。必须使用农药时，应遵守以下准则。

1. 不限量使用的农药　允许使用植物源农药、动物源农药和微生物源农药。在矿物源农药中允许使用硫制剂、铜制剂。

2. 禁止使用的农药　严格禁止使用剧毒、高毒、高残留或具有“三致”(致癌、致畸、致突变)的农药(表5-1,表5-2)。

表5-1　中药材无公害生产中禁止使用的化学农药种类

种　类	农药名称	禁用作物	原　因
无机砷杀虫剂	砷酸钙、砷酸铅	所有作物	高　毒
有机砷杀虫剂	甲基砷酸锌、甲基砷酸铁铵(田安)	所有作物	高残毒
有机锡杀虫剂	薯温锡(三苯基醋酸锡)、三苯基氯化锡和毒菌锡	所有作物	高残留
有机汞杀菌剂	氯化乙基汞(西力生)、醋酸苯汞(赛力散)	所有作物	剧毒、高残留
有机氯杀虫剂	滴滴涕、六六六、林丹、艾氏剂、狄氏剂	所有作物	高残留
有机氯杀螨剂	三氯杀螨醇	蔬菜、果树	
有机磷杀虫剂	甲拌磷、乙拌磷、对硫磷、甲基对硫磷、甲胺磷、甲基异丙磷、治螟磷、氧化乐果、磷胺	所有作物	高　毒
有机磷杀菌剂	稻瘟净、异稻瘟净	所有作物	异　臭
卤代烷类熏蒸杀虫剂	二溴乙烷、二溴氯丙烷	所有作物	致癌、致畸
氟制剂	氟化钙、氟化钠、氟乙酰胺、氟铝酸钠、氟硅酸钠、氟乙酸钠	所有作物	剧毒、高毒
取代苯类杀虫杀菌剂	五氯硝基苯,稻瘟醇(五氯苯甲醇)	所有作物	致　癌
氨基甲酸酯杀虫剂	克百威、涕灭威、灭多威	所有作物	高　毒

续表 5-1

种　类	农药名称	禁用作物	原　因
二甲基甲脒类杀虫杀螨剂	杀虫脒	所有作物	致　癌
拟除虫菊酯类杀虫剂	所有拟除虫菊酯类杀虫剂	水　稻	对鱼毒性大
生长调节剂	有机合成植物生长调节剂	所有作物	
二苯醚除草剂	除草醚、草枯醚	所有作物	慢毒性
除草剂	各类除草剂	蔬　菜	

表 5-2　中药材无公害生产中禁止使用的农药种类

种　类	农药名称	禁用原因
有机氯杀虫剂	滴滴涕、六六六、林丹、艾氏剂、狄氏剂	高残毒
有机砷杀虫剂	甲基砷酸锌(稻脚青)、甲基砷酸钙胂(稻宁)、甲基砷酸铁铵(田安)、福美甲砷、福美砷	高残毒
有机汞杀菌剂	氯化乙基汞(西力生)、醋酸苯汞(赛力散)	剧毒、高残毒
卤代烷类熏蒸杀虫剂	二溴乙烷、环氧乙烷、二溴氯丙烷、溴甲烷	致癌、致畸、高毒
阿维菌素		高　毒
无机砷杀虫剂	砷酸钙、砷酸铅	高　毒

续表 5-2

种　类	农药名称	禁用原因
有机磷杀虫剂	甲拌磷、乙拌磷、对硫磷、甲基对硫磷、甲胺磷、甲基异柳磷、治螟磷、氧化乐果、磷胺、地虫硫磷、灭克磷(益收宝)、水胺硫磷、氯唑磷、硫线磷、杀扑磷、特丁硫磷、克线丹、苯线磷、甲基硫环磷	剧毒、高毒
氨基甲酸酯杀虫剂	涕灭威、克百威、丁硫克百威 、丙硫克百威	高毒、剧毒或代谢物高毒
二甲基甲脒类杀虫杀螨剂	杀虫脒	慢性毒性、致癌
氟制剂	氟化钙、氟化钠、氟乙酰胺、氟铝酸钠、氟硅酸钠	剧毒、高毒易产生药害
有机氯杀螨剂	三氯杀螨醇	我国产品中含有滴滴涕
有机磷杀菌剂	稻瘟净、异稻瘟净(异臭米)	异　臭
取代苯类杀菌剂	五氯硝基苯、稻瘟醇(五氯苯甲醇)	致癌、高残留

3. 限量使用的农药　必要时,允许有限度地使用部分有机合成的化学农药,并严格按照表 5-3 规定的方法使用。

第一,有机合成农药在甘草产品中的最终残留量应从严掌握,采用国际上最低的残留限制标准或国家标准。

第二,最后 1 次施药距采收间隔天数不得少于表 5-4 中规定的天数。

第三,严格控制各种遗传工程微生物制剂的使用。

第四,根据国家生产二级绿色食品农药使用准则,每种有机合成农药在1种药材作物的生长期内只允许使用1次。但基于目前药材生产尚无统一标准,可暂时放宽使用次数(表5-3,表5-4)。今后应逐步减少使用次数,最终达到国家的标准。

表5-3 中药材GAP生产可使用的农药及安全使用标准

农药名称	剂 型(%)	对水倍数	最多使用次数	LD_{50}(毫克/千克)	收获前禁用期(天)	最高残留限量(毫克/千克)
敌百虫	80可湿性粉剂	1000	5	630	7	0.1
敌敌畏	80乳油	2000	5	80	3	0.1
敌杀死	2.5乳油	3000	3	138	7	0.2
氯氰菊酯	10乳油	2000	3	251	3	1
顺氯氰菊酯	10乳油	5000	3	60	3	1
百树菊酯	5.7乳油	1000	—	590	7	1
乐 果	40乳油	1000	6	250	7	1
氰戊菊酯	20乳油	2000	3	451	5	1
杀虫畏	20乳油	800	—	5040	3	2
二嗪农	40乳油	1000	—	108	10	0.7
除虫菊酯	10乳油	2000	—	430	2	3
毒死蜱	40乳油	1000	3	163	7	1
喹硫磷	25乳油	1000	2	66	24	0.2
伏杀磷	35乳油	800	2	120	7	1
西维因	25可湿性粉剂	1000	—	850	30	2
功 夫	2.5乳油	5000	3	79	7	0.2
抗蚜威	50可湿性粉剂	2500	3	68	7	1
除虫脲	25可湿性粉剂	1500	—	>4640	—	1
低毒硫磷	50乳油	1500	—	925	7	0.2

续表 5-3

农药名称	剂　型（%）	对水倍数	最多使用次数	LD_{50}（毫克/千克）	收获前禁用期（天）	最高残留限量（毫克/千克）
杀螟松	50 乳油	1000	—	250	21	0.5
马拉硫磷	50 乳油	800	—	1751.6	10	0.5
克螨特	73 乳油	2000	—	2200	7[b]	0.5
双甲脒	20 乳油	1000	—	500	30	0.5
倍乐霸	25 可湿性粉剂	1000	—	76	21	0.5
尼索朗	5 乳油	2000	—	>5000	—	0.1
瑞毒霉	25 可湿性粉剂	1000	3	669	1	0.5
杀毒矾	64 可湿性粉剂	1000	4	3480	3	5
巴　丹	95 可溶性粉剂	2000	3	325	21	0.2
灭扫利	20 乳油	2000	3	107	3	0.5
来福灵	5 乳油	8000	3	325	3	2
马扑立克	10 乳油	1000	3	286	7	1
扑虱灵	10 乳油	1000	2	2198	11	0.3
托尔克	50 可湿性粉剂	2000	—	2631	7	1
百菌清	75 可湿性粉剂	600	—	$>10^4$	7	5
粉锈宁	25 可湿性粉剂	1000	—	1200	7[b]	0.5
亚胺硫磷	25 乳油	800	—	230	7	0.1
多菌灵	25 可湿性粉剂	400	4	$>10^4$	15[b]	0.5
代森锌	65 可湿性粉剂	600	4	>5200	15	7(美国)
代森锰锌	70 可湿性粉剂	300	—	5000	15[b]	0.4(日本)
天王星	2.5 乳油	8000	3	54.5	4	0.5
乙酰甲胺磷	25 乳油	1000	2	823	7	2

注：LD_{50}＝半数致死量　b 为初步建议标准　未标号者为 WHO/FAO 或国家标准

表 5-4　中药材 GAP 生产可以使用的农药种类

农药名称	急性口服毒性	剂　型	控制对象	施用量和稀释倍数/次·667 平方米	施药方法	每季作物最多使用次数	最后 1 次施药距采收间隔期
马拉硫磷	低　毒	50%乳油	蚜虫、鳞翅目害虫	1500～2500 倍	喷雾	1	不少于 7 天
辛硫磷	低　毒	50%乳油	蚜虫、鳞翅目害虫	1500～2500 倍	喷雾	1	不少于 5 天
敌百虫	低　毒	90%固体	地下害虫、鳞翅目害虫	500～1000 倍	毒土喷雾	5	不少于 7 天
敌敌畏	中等毒	50%乳油 80%乳油	蚜虫、鳞翅目害虫	150～250 克 500～1000 倍	喷雾	5	不少于 5 天
乐　果	中等毒	40%乳油	蚜虫、鳞翅目害虫	100～2000 倍	喷雾	6	不少于 7 天
定虫隆	低　毒	5%乳油	鳞翅目幼虫	40～140 倍	喷雾	3	7 天
除虫脲	低　毒	20%悬浮剂	鳞翅目幼虫	1600～3200 倍	喷雾	2	30 天
塞螨酮（尼索朗）	低　毒	5%乳油、5%可湿性粉剂	螨	1500～2000 倍	喷雾	2	30 天
克螨特	低　毒	73%乳油	螨	2000～3000 倍	喷雾	6	不少于 21 天

续表 5-4

农药名称	急性口服毒性	剂型	控制对象	施用量和稀释倍数/次·667 平方米	施药方法	每季作物最多使用次数	最后 1 次施药距采收间隔期
抗蚜威	中等毒	50%可湿性粉剂	蚜虫	10～20 克	喷雾	2	14 天
氯氰菊酯	中等毒	10%乳油	蚜虫、鳞翅目害虫	2000 倍	喷雾	4	7 天
溴氰菊酯(速灭杀丁)	中等毒	2.5%乳油	黏虫、蚜虫、食心虫	10～25 毫升	喷雾	2	7 天
氰戊菊酯	中等毒	20%乳油	蚜虫、螟虫、食心虫	20～40 毫升	喷雾	1	10 天
百菌清	低毒	75%可湿性粉剂	霜霉病	500～600 倍	喷雾	4	3 天
甲霜灵	低毒	58%可湿性粉剂	霜霉病	500～800 倍	喷雾	3	21 天
多菌灵	低毒	25%可湿性粉剂	菌核病、霜霉病	500～1000 倍	喷雾	2	不少于 5 天
异菌脲(扑海因)	低毒	25%悬浮剂	菌核病	140～200 毫升	喷雾	2	50 天

续表 5-4

农药名称	急性口服毒性	剂 型	控制对象	施用量和稀释倍数/次·667 平方米	施药方法	每季作物最多使用次数	最后 1 次施药距采收间隔期
腐霉利(二甲菌核利)	低 毒	50%可湿性粉剂	灰霉病、菌核病	40～50 克	喷雾	2	1 天
三唑酮(粉锈宁)	低 毒	25%可湿性粉剂	锈 病	500～1000 倍	喷雾	2	不少于 3 天

(三)甘草标准化生产的农药使用技术

农药使用技术是甘草标准化生产的关键之一,要科学合理地使用农药,使农药污染降到最低限度。在甘草生产过程中提倡使用生物农药,并应遵循“严格、准确、适量”的施药原则。

1. 严格 一要严格控制农药品种。农药品种繁多,在中药材生产上选择农药品种时,优先使用生物农药和低毒、低残留的化学农药,严禁在甘草上使用甲胺磷、久效磷、甲拌磷、氧化乐果、呋喃丹、万灵、杀虫脒、对硫磷、除草醚、六六六、治螟磷等高毒高残留农药。二要严格执行农药安全间隔期。在农药安全间隔期内不允许收获上市。每种农药均有各自的安全间隔期,一般允许使用生物农药 3～5 天;菊酯类 5～7 天;有机磷 7～10 天(少数在 14 天以上);杀菌剂中的百菌清、多菌灵等要求在 14 天以上,其余大多数为 7～10 天。

2. 准确 是指讲究控制策略，适期控制。要根据病虫发生规律，准确选择施药时间，找准最佳控制时期。要根据病虫田间分布状况和栽培方式，准确选择施药方式，能进行烟熏的不喷雾，能局部控制的不全面施药。

3. 适量 是指从实际出发，确定有效地使用浓度和剂量。一般杀虫效果达到85%以上，防病效果达到70%以上，即称为高效，切不可盲目追求防效而随意加大浓度和剂量。

三、甘草主要病害及控制

甘草病害主要有锈病、褐斑病和白粉病。

（一）甘草锈病

甘草锈病是栽培甘草的主要病害，遍布各甘草主产区，一般能造成10%甚至更高比例的死苗，并影响甘草的产量和质量，生产上必须高度重视。

1. 病原菌 甘草锈病的病原菌为甘草单胞锈菌（*Uromyces glycyrrhizae* magn.）属担子菌亚门，冬孢菌纲，锈菌目，柄锈菌科，单胞菌属。夏孢子堆近圆形，红褐色，突破表皮。夏孢子球形、近球形，淡褐色，表面有小刺。冬孢子堆近圆形，黑褐色，突破表皮。冬孢子卵形，椭圆形，近球形，褐色，单胞，表面光滑，柄短，无色易脱落。

2. 发病规律 病菌为单主寄生锈菌，以菌丝体及冬孢子在植株根、根状茎和地上部枯枝上越冬，翌年春产生夏孢子引起初侵染。栽培甘草发病率高于野生甘草，如秋季多雨，翌年春季气温回升较快则有利于其发生。通常，栽培甘草锈病夏孢子病株发病盛期在5月中旬，病株率在7.3%～12.7%，并且不论栽培或野生甘草植株死亡率均在98%以上。冬孢子感染在7～9月份，病株发生盛期在7月中下旬，病株率在53.3%～96%。由于此时已到植株生长后期，植株光合作用减弱，其发病株率和发病叶率虽高于夏孢子感染率，但对植株生长无多大影响，故病株死亡率很低。

3. 危害症状 病原菌主要危害叶片，也可以危害茎秆及根蘖萌发的新芽。春季幼苗出土后即在叶片背面或叶尖上发生圆形、灰白色小孢斑，后表面破裂呈黄褐色粉堆，为病原菌夏孢子堆和夏孢子。随着嫩叶的平展、长大，孢子堆由叶尖沿叶背密布出现，最后整个叶背面均被夏孢子堆覆盖，呈一片黄锈色。植株表现为丛生、矮化。夏孢子再侵染后，叶片两面散生黑褐色冬孢子堆，并散出黑褐色冬孢子粉末。

4. 控制技术 ①加强管理培育壮株，增强植株的抗病能力；收获后彻底清除田间病残体，集中病株烧毁茎叶；早春夏孢子堆未破裂前及时拔除病株，防止传染。②选未感染锈病，生长健壮的植株留种。③注意除草、排水、保持通风透光；冬、春浇水，秋季适时收割地上部茎叶，减轻病害发生。④发病初期每667平方米用25%粉锈宁乳油150～180毫升喷洒或每667平方米用农抗120水剂0.8千克对水稀释开沟灌根。夏季可用20%粉锈宁可湿性粉剂2 000倍液、65%代森锰锌可湿性粉剂500倍液、97%敌锈钠可湿性粉剂200～300倍液喷雾控制。每15天喷1次，2～3次即可。

（二）甘草褐斑病

是甘草生长后期常见的叶部病害。

1. 病原菌 病原菌为真菌甘草尾孢（*Cercospora astragalis* moron.）属半知菌亚门、丝孢纲、丝孢目、尾孢属。子座小，分生孢子梗6～12根成束生，淡褐色，顶端色淡并较狭，不分枝，具0～5个膝状节，顶端近截形，孢痕显著，1～7个隔膜。分生孢子鞭形至倒棒形、无色透明，基部截形至近截形，顶端略钝，3～10个隔膜。病菌也危害黄芪、紫云英。

2. 发病规律 病菌以分生孢子梗和分生孢子在病叶上越冬，翌年产生分生孢子引起初侵染。发病后病斑上又产生大量的分生孢子，借风雨传播不断引起再侵染。病菌喜稍高温度，夏末至早秋雨水多，露水重有利于发病。

3. 危害症状 主要危害叶片。叶片上病斑近圆形或不规则形，直径1～3毫米，中央灰褐色，边缘褐色，有时不明显。后期常多个病斑融合成大枯斑，叶背和茎秆上布满大量灰黑色霉状物，即病原菌的子实体。子实体上产生的分生孢子可不断繁殖而引起植株叶片的再侵染，通常在7～8月份染病植株发生严重。

4. 控制技术 ①因病菌以菌丝体在病株残体上越冬，所以秋季植株枯萎后及时割掉地上部，彻底清除田园病残体，减少病原。②有经济条件的可喷无毒高脂膜200倍液保护植株。③发病前喷1次1∶1∶100～1∶1∶160波尔多液。发病初期喷洒77%可杀得悬浮剂600倍液或50%多菌灵可湿性粉剂500倍液。发病期选用65%代森锌可湿性粉剂500倍液或70%甲基托布津可湿性粉剂1500～2000倍液喷雾控制，每7～10天喷1次，1～2次即可。

（三）甘草白粉病

1. 病原菌 病原菌为*Erysiphe polygoni* DC. 属半知菌亚门，粉孢属真菌。

2. 发病规律 白粉病多在7～9月份发生。分生孢子主要靠气流传播，不断进行再次侵染，因此不相邻的田块也普遍发病。

3. 危害症状 主要危害甘草叶片、叶柄。发病植株初期叶表面产生小圆形白粉状霉斑，逐渐扩大，形成边缘不明显的、连片的大型白粉斑，使叶片如覆盖一层白粉，后期致使叶片叶绿体受到破坏变成黄色，并生出黑色小点，严重时小叶脱落，影响产量和质量。

4. 控制技术 ①入冬前清除田园病株，集中烧毁，减少翌年的病原。②发病初期喷施 0.2～0.3 波美度的石硫合剂，每 10～15 天喷 1 次，每次每 667 平方米喷施 50 升。天气炎热时可喷施 50%甲基托布津可湿性粉剂 1 000 倍液控制。也可用 25%粉锈宁可湿性粉剂 1 000 倍液，每隔 10 天左右喷 1 次，连续喷 2～3 次。

注意喷药前半个月停止浇水，宜选择下午气温较高，植物各器官呈缺水状态时喷施效果最好。喷药应顺风方向喷施，以免对人体造成危害。

四、甘草主要虫害及控制

(一)叶 甲 类

主要种类有跗粗角萤叶甲、白茨粗角萤叶甲、榆蓝叶甲(*Pynrrhalta aenescens*)、黄斑叶甲(*Monolepta quadrigutdata*)、锯角叶甲(*Ceytra spp*)、麦甲颈叶甲(*Colasposoma dauricum*)、亚洲切头叶甲(*Coptocephalaasiatica*)、褐足角胸叶甲(*Basilepta fulvipes*)等，是河套滩地、湖泊淤积地等滩地甘草的主要食叶害虫，为害较大。

跗粗角萤叶甲(*Diorhbda tarsalis* Wreise)属鞘翅目,叶甲科,萤叶甲亚科,粗角萤叶甲属。该虫对甘草为害十分严重,是发展甘草生产的主要障碍之一。主要分布在内蒙古、宁夏、甘肃河西地区、新疆南疆地区以及辽宁省的甘草产区。

1. 为害症状 在整个生长季节以成虫为害为主,且取食量大,成虫与幼虫往往重叠发生,取食甘草叶片,常残留叶脉和上表皮,虫孔周线不齐,严重时整块甘草田被吃得只剩下叶脉和茎秆。被害甘草残留叶片枯黄,脱落,严重影响光合作用。

2. 形态特征 成虫体长 5.4～6 毫米,宽 2.5～3 毫米,黄褐色。触角 11 节,黑色,头顶及前胸背板中部各具 1 条黑色条斑,腹部各节基部黑色。头顶具中沟及较粗的刻点;额瘤长方形,在其之后为较密集的粗刻点;触角达鞘翅基部,第二节最短,第三节为第二节的 2 倍,第四节短于第三节,以后各节变得粗短。前胸背板宽为长的 2 倍,侧缘具发达的边框,盘区中部两侧各有一大凹窝,表面具粗大刻点。小盾片半圆形,具密集的荆点及毛。鞘翅基部窄,中部之后变宽,肩角突出,盘区刻点粗密;缘折基部,中部之后变窄,直达端部。足的腿节粗大,具刻点及网纹。幼虫胸足不发达,体背具 1 条黑纹,腹背两侧各有 8 个黑腺点,其下为 8 个瘤突,并生有短绒毛,身体其他部位有不规则的瘤突。

3. 发生规律 西北地区每年发生 3～4 代,以成虫在甘草根际、浅土层及土缝等处越冬。翌年 5 月上中旬当日平均气温达 10℃～15℃时成虫开始活动,交配后产卵。5 月下旬至 6 月上旬第一代幼虫孵化,开始取食返青的甘草叶片,6 月中旬达到为害盛期。幼虫取食喜群居,取食量大,取食凶猛,一般 2～3 天时间可将整块甘草地叶片食光,仅剩茎秆。6 月下旬开始化蛹，7月中旬出现第二代幼虫，此时期虫态重叠发生，成虫取食将叶缘食成缺刻，或叶片中间成空洞，取食量不及幼虫。成虫飞翔能力弱，移动性差，有多次交尾现象。卵产于叶背面。蛹以吸盘固定于叶的背面。8月下旬至9月初出现第三代幼虫，如果气候条件适宜将出现第四代幼虫。幼虫共4龄，啃食甘草叶片，造成植株生长不良，为害严重时植株仅剩叶脉和茎秆。人工种植的甘草在为害的当年或翌年即全部死亡。

4. 控制方法 ①越冬前清除田间残枝落叶，集中烧毁。②进行冬灌，杀灭越冬成虫，以减少翌年虫口基数。③如越冬虫口密度较大，在5月下旬至6月份或发生盛期选用90%敌百虫晶体1 000倍液，或80%敌敌畏乳油1 000倍液，或2.5%溴氰菊酯乳油2 000～3 000倍液，在上午11时喷雾控制，效果较好；也可以用50%辛硫磷乳油1 000～2 000倍液控制。一般在幼虫出现2～3天控制，效果明显。

（二）甘草胭蚧

甘草胭蚧（*porphyrophora sophorae*）属同翅目，珠蚧科，是为害甘草根部的一种刺吸式害虫，在全国甘草产区均有分布，除严重为害野生甘草外，内蒙古、宁夏、甘肃等地人工栽培甘草中均遇到此虫毁灭性为害。

1. 为害症状 在内蒙古、宁夏、甘肃等地常给人工栽培甘草造成毁灭性为害，一般被害率可达20%～40%，为害严重的田块死株率达80%。受害部位在土表下5～15厘米的根部，严重时每株3年生甘草根部有虫达30头，而且集中在根茎附近为害。受害重的甘草田，翌年发芽返青晚，长势弱，有的难以萌芽返青，植株根茎腐烂，当年虫口密度也较大。6

月中下旬珠体长大，食量增加，为害加剧，受害植株下部叶片枯黄，或中下部叶片的叶缘焦黄，叶心绿黄，7月中旬后达到为害高峰期，个别被害植株死亡。8月上中旬起，由于珠体老熟脱落，停止取食为害，甘草生长趋于好转和稳定，部分甘草明显地恢复正常叶色和长势。背风洼地、头年发生重的田块等易受为害。

2. 形态特征

(1)成　虫

①雌虫　无翅，体长4～8毫米，宽3.8～7毫米，卵圆形或梨形；全身密被淡色细毛，体色胭脂红色；体壁柔软，腹部膨大；触角7节，基部6节短而宽，逐渐向上变细，第一节色淡，端节大而顶圆，呈半球状，长度约为前3节之和，端部有10根长毛及17个左右感觉刺及少数小孔；前足短粗开掘式，胫节与跗节愈合；爪长而弯，其基部宽度约为长度的1/3；中足、后足很小，爪细长而弯；胸气门2对，气门腔内有11个左右的蜡腺；腹气门2对，产卵前虫体分泌棉絮状蜡丝团，包埋虫体而形成卵囊袋。

②雄虫　有翅1对，体暗红紫色，体长2～3毫米，触角8节，3～8节长形，其中第六、第七节略细小，各节密生感觉刺毛；复眼发达，在头后各有一突起；小盾片三角形，后缘稍突出，后胸在小盾片的膜质区后缘，呈弧形狭条；腹瘦细膜质，背面1～4节各有1对三角形骨片，第七节有一横列蜡腺，由此分泌出长而直的蜡丝，可长达5毫米；前足腿节膨大，密生短毛，胫节短，跗爪长而尖；中足、后足腿节也粗大，胫节细长，跗爪短而尖。前翅透明，翅缘及翅痣红色，有3条不明显长脉；后翅红色呈刀形退化，外缘有1尖钩。

(2)卵　长卵形，胭脂红色，长约0.5毫米，宽0.25毫米，初产时呈链状，大量产出后为堆形，藏于虫体分泌的白色蜡袋内。

(3)1龄若虫　体长约0.7毫米，宽约0.25毫米，暗紫红色；触角6节，疏生刚毛，第六节狭长，末端有一感觉刺，基部外侧有1根长而弯的刺突伸达节端；近端部有刚毛2根，腹面的1根很长，约为触角全长之半；头顶有1对暗色斑纹，眼点透明而球凸，基部环似深色肾形斑；口器极发达；足3对，细长略相似，转节2节，腿节粗大，前足胫跗节愈合，中足胫跗节等长；爪均细长而基部膨大。胸气门2对，腹气门1对，体表刚毛少，末端有1对长刚毛，1对很短刚毛，胸腹面有3对长刚毛，位于足基部内侧。

(4)珠体　珠形不甚规则，胭脂红色，紫红色、暗红色等，有光泽，外面包有很厚的蜡壳，成熟珠体大小相差悬殊，大者为雌虫，长径4～7毫米，小者为雄虫，长径1.5～2.5毫米；触角呈片状，口器发达，喙形成略下弯的硬管，表面则为一略突起的硬环。体内侧口针及上下颚存在。胸气门2对；腹气门2对甚小。

(5)蛹　裸蛹，紫红色，长形，长2～3毫米，宽约1.5毫米，蛹常有一薄茧。

(6)末龄幼虫　形态与雌成虫相似，体长2～3毫米。

3. 发生规律　甘草胭蚧生育周期为1年，多个虫态有同期的世代重叠现象。雄虫一生经卵—幼虫—蛹—成虫4个发育阶段；雌虫一生经卵—若虫—成虫3个发育阶段。

甘草胭蚧每年发生1代，以初孵若虫在寄主根部越冬。生活史中仅有成虫阶段短暂活动于地面，其他阶段均生活于地下。主要为害期在每年5月上旬至8月上旬的珠体生长期。为害期寄主根茎上可见被有蜡壳的球形红色珠体。由于为害期早，且在地下，一般不易被发现，控制难度大。

4. 控制方法 ①根据当年生甘草无该虫危害的特点，适时早播，加强水肥及其他田间管理，促其增加生长量健壮早发，以增强抵抗病虫为害的能力；对多年生甘草，机械杀伤珠体，疏松土壤，促进植株生长，增强抗虫能力。②人工栽培应注意生境类型的选择，拔除田间野生甘草植株，及时合理采挖，减少虫源以避免毁灭性为害。③此虫1年发生1代，发生期比较整齐，抓住关键时机，可以减少控制环节和次数。雄成虫体小、柔弱，触药易死亡，掌握其盛发期施药，可大量杀死雄虫，并可降低雌虫的产卵量和卵的孵化率。④越冬后的初龄若虫，有爬行寻觅寄主的特性，虫体小，抗药性差，可抓住这一有利时机，土壤施药控制。⑤药剂控制。重点抓成虫期和越冬后初龄若虫期的控制。方法如下：一是成虫羽化期控制。8月中下旬成虫交配产卵的羽化盛期，是药剂控制的最佳期。可用4.5%甲敌粉，每667平方米用3～4千克，或喷洒2.5%敌杀死乳油3000倍液，对雄虫杀伤效果较好，对雌虫效果达72%以上，并可减少产卵量和孵化率，有后效作用。于无风的中午前、后施药最佳。地上部收割后药液（粉）均匀地施于土表，也有一定控制效果，可避免农药污染牧草。根据害情，施药1～2次。二是初龄若虫期控制。3月下旬至5月上旬，在土中的越冬若虫开始活动，寻觅寄主，可用50%辛硫磷乳油根施，每667平方米施用药量500毫升左右。一般可在雨前或雨后开沟，施药，覆土。如土干无雨，根际施药后应浇水，以发挥药效。

（三）甘草豆象

甘草豆象（*Bruchidius ptilinoides*）属鞘翅目，豆象科。

是一种为害贮藏期甘草种子的害虫。

1. 为害症状 幼虫蛀食籽粒，严重影响种子的发芽率，成虫可取食甘草叶，造成缺刻。未经处理的新种子，越冬后虫蛀率可达 35%，贮藏 2 年的种子虫蛀率在 70%以上。

2. 形态特征 成虫卵圆形，褐色或深褐色，体长 2.5～3 毫米，宽 1.5～1.8 毫米；触角和足浅褐色。头布刻点，被淡棕色毛，自额中部到唇基有 1 条光隆脊，隆脊向下逐渐变窄；上唇赤褐色。触角宽短，锯齿状，长度不到鞘翅基部；1～4 节细，第五节开始膨大。前胸背板布刻点，被浓密淡棕色毛，后缘与鞘翅等宽。鞘翅布刻点，有刻点行 10 条，被浓密淡棕色毛，端部圆。臀板长，端部略尖，着生密毛。腹面覆浓密淡褐色毛。后腿节内缘近端部有 1 个不甚明显的小突起，后胫节内缘端部有 1 个长齿，后跗节第一节最长。

3. 发生规律 甘草豆象每年发生 1 代，以幼虫在仓储的甘草种子及田间甘草秧的荚果内越冬。翌年 5 月中旬开始羽化为成虫，5 月下旬至 9 月下旬田间均可见到成虫，以 8 月上旬田间虫口密度最大。成虫产卵于生长的荚果，幼虫孵化后在种荚内发育，并随种子入仓库或留在田间荚果内越冬。成虫可取食甘草叶片，幼虫主要为害贮藏的甘草种子。

4. 控制方法 ①秋季彻底割除种植园内及其周围野生的甘草秧。②结荚期用 90%敌百虫晶体 1 000 倍液和 20%溴氰菊酯乳油 2 000 倍液喷雾控制 1 次。③甘草种荚收获脱粒后入仓贮藏时种子处理，可以用开水烫种。量大时用甲敌粉等药剂进行拌种处理，再入仓贮藏，均可取得良好的控制效果。大批量存贮最好采用密封抽氧充氮养护。

（四）蚜　虫

为害甘草的蚜虫主要为槐蚜（*Aphis medicaginls*）、乌苏黑蚜（*Aphis craccivora usuana*）和桃蚜（*Muzus persicae*）等，属同翅目，蚜科，分布普遍，繁殖力强。

1. 槐蚜　槐蚜又名花生蚜、苜蓿蚜、菜豆蚜。分布于山东、北京，河北、河南、江苏、湖北、江西、新疆、甘肃、辽宁等省、自治区（直辖市）。能寄生于 200 多种植物。

（1）为害症状　该虫为害多群集嫩芽、嫩叶上吸食汁液，使芽梢枯萎，嫩叶卷缩，其分泌物常引起病菌繁殖，严重影响寄主的生长。

（2）形态特征

①有翅胎生雌蚜　体长 1.4～1.8 毫米，黑色或黑褐色，有光泽。触角 6 节约与体等长，第一、第二节及第五，第六节端部为黑褐色，其余皆为黄白色。第三节感觉孔 4～7 个，多数 5～6 个排列成行，呈黄白色。后足基节、转节、跗节、爪及胫节的端部为褐色。腹部 1～6 节背面各有硬化斑，腹管细长约为尾片的 3 倍，黑色，明显上翘，两侧有刚毛 3 根。

②无翅胎生雄蚜　身长 1.8～2 毫米，体较肥胖，黑色或紫黑色，少数为墨绿色，具光泽，体被薄蜡粉。触角 6 节，约为体长的 3/4，第一、第二节和第五、第六节的端部为黑褐色，其余为黄色。后足腿节、胫节的端部及跗节、爪为黑色。腹部 1～6 节背面隆起似大型隆斑，分节界限不清，各节侧缘有明显的凹陷。腹管细长，约为尾片的 2 倍，黑色。尾片特征同有翅胎生雌蚜。

③卵　长约 0.5 毫米，初产为淡黄色，后变草绿色，最后呈黑色，有光泽。

④有翅胎生若蚜　体长约1毫米，体灰紫色或黑褐色，体节明显。尾片三角形，不上翘，其余略同成蚜。

(3)发生规律　1年发生多代。主要以无翅胎生雌蚜、若蚜栖息于背风、向阳的山坡、地堰、沟边、路旁的野苜蓿、野豌豆等杂草和冬豌豆的心叶及根茎交界处越冬。翌年3月份在越冬寄主上大量繁殖，至4月中下旬产生有翅胎生雌蚜，向麦田荠菜，春豌豆、槐树新抽出的嫩梢等中间寄主迁飞，形成春季的第一次迁飞高峰。

越冬的无翅胎生若蚜在－14℃～－12℃下持续12小时，虽然大部分个体冻僵，但日平均气温回升至－4℃时仍能恢复活动。无翅胎生雌蚜在日平均气温－2.6℃时，个别虫体仍可繁殖。一般日平均气温15℃～23℃为繁殖适温，19℃～22℃为最适宜繁殖温度。湿度和降水是决定蚜种数量变动的主导因素。空气相对湿度在60％～75％时，有利于其繁殖为害，当空气相对湿度在80％以上时，蚜群数量逐渐下降。一般4～6月份的降雨少，空气相对湿度50％～80％，有利于该虫的繁殖，往往大量发生。暴雨常造成蚜虫大量死亡，种群密度迅速下降。

(4)控制方法　一般利用食蚜天敌控制为害。槐蚜天敌的种类较多，对其种群数量消长影响较大的有瓢虫、蚜茧蜂、草蛉和食蚜蝇等。为害严重时用40％乐果乳油1 500～2 000倍液，或用2.5％敌百虫粉剂喷粉。

2. 桃　蚜

(1)为害症状　多群集嫩芽、嫩叶上吸食汁液，使芽梢枯萎，嫩叶卷缩，其分泌物常引起病菌繁殖，严重影响寄主的生长。蚜虫对甘草的为害程度在不同年份、不同生境差异甚大。通常年份为害期短，多在6月下旬至7月上旬为害个别植株，其他时期不易见到。1 年生、2 年生甘草易受蚜害，3 年以后植株受害较少。

(2)发生规律　每年发生 8～12 代，以卵在树木的枝条、缝隙中越冬，亦可在多年生植物根际越冬，越冬卵春季孵化为干母，相继繁殖干雌和有翅迁移蚜，为害越冬寄主。10 月下旬母蚜迁返越冬寄主，孤雌胎生有性蚜，与有性雄蚜交配后产卵越冬。

(3)控制方法　一般年份可利用瓢虫、草蛉、食蚜蝇等食蚜天敌控制为害，无须控制，同时注意田边、渠旁杂草，特别是林下杂草的清除。如点片发生，可点片控制。大发生年份应注意及早控制，选择对天敌杀伤力小的农药，可改用涂茎等施药方法以减轻对天敌的伤害；在桃蚜迁入药材田盛期进行药剂控制，选用 20%溴氰菊酯 2 000 倍液，50%抗蚜威 1 500 倍液，或 40%乐果乳油 1 000 倍液等药剂喷雾控制，每 7～10 天喷药 1 次，连续喷 3～4 次。要逐步推广生物农药、植物农药，以减少对甘草药材污染。

(五)甘草种子小蜂

甘草种子小蜂(*Bruchophagus glycyrrhizae*)是一种广肩小蜂，主要在田间为害甘草种子。

1. 为害症状　成虫产卵于青果期的种皮上，幼虫孵化后即蛀食种子，并在种子内化蛹。成虫羽化后，咬破种皮逃出，被害种子被蛀食一空，种皮和荚果上留有圆形小羽化孔。此虫对甘草种子产量影响极大。

2. 发生规律　每年发生 1 代，以幼虫在种子内越冬，翌年 6 月下旬成虫羽化，开始活动取食甘草花粉，7 月中下旬待甘草结幼荚时，开始产卵，幼虫孵化后蛀食种子。

3. 控制方法　秋季地上部枯萎后彻底清理田园，将残枝茎叶搂出田外，集中烧毁，减少虫源；在青果期用 40%乐果乳油 1 000 倍液喷雾，每 7～10 天喷 1 次，一般喷 2 次即可。

（六）叶 蝉 类

主要为小绿叶蝉（*Empoasca flavescens*）、榆叶蝉（*Ebipunctata oshorn*）、棉叶蝉（*Ebiguttula ishidae*）、大青叶蝉（*Tettigoniella viridis*）、殃姬叶蝉（*Eutettix sp*）等。属同翅目，叶蝉科。主要为害甘草叶片。各甘草产区均有分布，群体数量大，为害期长，为害严重。

1. 榆叶蝉　分布于新疆、甘肃、宁夏等甘草产区，寄主植物主要有榆、棉、大麻、苦豆子、甘草、苜蓿等。

（1）为害症状　甘草叶片受害后出现稠密黄白色斑点，以至完全失绿。造成早衰减产，此虫不造成卷叶缩叶现象，可与棉叶蝉区别。

（2）形态特征　成虫体长 3.5 毫米，头冠部没有黑点，前翅端部近爪末端有一暗褐色点，翅端部烟褐色。卵长肾形，比小绿叶蝉稍长大，无色透明，孵前微绿色，可见红色眼点。5 龄若虫头冠前缘有 1 堆淡黑褐色三角形斑，胸部中线两侧有 4 堆三角形褐色晕斑。

（3）发生规律　榆叶蝉在新疆 1 年发生 5 次，以卵在榆树 2～15 毫米直径枝条的皮层中越冬，但以 4～8 毫米直径的枝条上最多，桃树枝条上亦有发现。春天，寄主树液开始流动时，卵粒吸水膨胀开始发育，日平均气温稳定在 14℃～15℃时孵化，孵化时间整齐，由开始到盛期仅 4 天左右。若虫首先为害榆叶，致使叶片失绿，叶型变小，严重时枯黄早落。若虫为害期约 20 天，日平均气温稳定在 19℃～20℃时，大量羽化。成虫相继向甘草田、棉田、大麻田迁飞，直到甘草、棉花、大麻衰老时，再迁返榆树。

(4)控制方法　一是农业控制。冬、夏结合积肥清除田边、沟边杂草。适时早播，促进早发、早熟，盛花期封行；适当密植；合理施肥，消灭瘦苗，防止疯长；防涝抗旱，中耕除草。二是药剂控制。达到控制标准时，每667平方米喷配好的药液75～100升。控制榆叶蝉可用40%乐果乳油或80%敌敌畏乳油2 000倍液，25%西维因可湿性粉剂1 000倍液等。同时在9月底至10月初，收获庄稼时或10月中旬左右，当雌成虫转移至树上产卵以及4月中旬越冬卵孵化期间，对榆树等越冬寄主喷洒90%敌百虫、80%敌敌畏1 000倍液控制

2. 棉叶蝉　各甘草产区均有分布，发生数量大，为害严重。

(1)为害症状　为害初期叶面呈针尖状失绿斑点，之后叶片均匀密布淡黄色斑点或银白色斑点。叶背可见许多叶蝉若虫的蜕。严重为害的田块，植株下部功能叶提前枯黄脱落，中、上部功能叶也失绿变黄，严重影响生长，可致使甘草提前1个月落叶休眠。水肥充足、湿度较大的生境，甘草生长嫩绿茂盛，为害严重，栽培甘草重于野生甘草，严重为害期为6月中旬至8月中旬，9月份以后甘草开始枯黄，害虫明显的迁往其他寄主和准备越冬。

(2)形态特征　成虫为一种体长2.5毫米左右，能跳跃飞行的绿色小虫。

(3)发生规律　1年发生4～5代，以卵在树皮缝隙、枝杈间越冬。在甘草田，从5月中旬开始到10月上旬甘草完全落叶越冬为止，均可见到此虫为害。

(4)控制方法　用2.5%溴氰菊酯乳油1 000、2 500、5 000

倍液，每667平方米喷施45千克，施药后14小时调查防效分别达99.6%、97.9%、95.3%，生产上可用3 000～5 000倍液适期控制。在成虫期兼用灯光诱杀，可以大量消灭成虫；成虫早晨很不活跃，也可以在露水未干时，进行网捕。

3. 小绿叶蝉 小绿叶蝉又叫桃小浮尘子、桃小绿叶蝉或叶跳虫。分布于华北、东北、华东、四川、陕西等地，长江以南发生极盛。

(1)为害症状 以成虫和幼虫为害叶片，刺吸汁液，使之失绿，甚至早期落叶。被害叶初期正面出现黄白色小点，重时全叶苍白，提早落叶。

(2)形态特征 成虫体长3.3～3.7毫米，淡绿色，翅白微带绿色，半透明，头部中央有一小黑点。卵，形似香蕉，长0.8毫米，初产乳白色，将孵化时淡绿色。若虫，与成虫相似，但无翅，体黄绿色，约2.2毫米，共5龄。

(3)发生规律 1年发生5代，以成虫在杂草、落叶或树皮缝内越冬。翌年4月份开始活动，为害、产卵、繁殖。成虫隐蔽于叶背和新梢上，并在叶片主脉内产卵，卵孵化后，若虫也为害叶背，6月间开始变为成虫，以8月份发生数量最多，为害最严重。成虫为害到10月末开始越冬。

(4)控制方法 入冬后，彻底清除植株周围落叶及杂草，集中烧毁或深埋，消灭越冬害虫；喷洒40%乐果乳油1 500～2 000倍液，或90%敌百虫1 000～1 500倍液；涂刷白涂剂。

4. 大青叶蝉 国内甘草产区分布广泛。国外分布于前苏联、日本、朝鲜、马来西亚、印度、加拿大、欧洲。为害植物共39科166种。

(1)为害症状 为害初期叶面呈针尖状失绿斑点，之后叶片均匀密布淡黄色斑点或银白色斑点。叶背可见许多叶蝉若虫的蜕。严重为害的田块，植株下部功能叶提前枯黄脱落，中上部功能叶也失绿变黄，严重影响甘草生长。

(2)形态特征

①雌虫 体长 9.4～10.1 毫米，头宽 2.4～2.7 毫米；雄虫体长 7.2～8.3 毫米，头宽 2.3～2.5 毫米。头部淡褐色，两颊微青，在颊区近唇基缝处左右各有一小黑斑；触角窝上方、两单眼之间有 1 对黑斑。复眼三角形、绿色。前胸背板淡黄绿色；后半部深青绿色。小盾片淡黄绿色；中间横刻痕较短。前翅绿色带青蓝紫色泽，前缘淡白，端部透明，翅脉为青黄色，具有狭窄的淡黑色边缘。后翅烟黑色，半透明。腹部背面蓝黑色，两侧及末节足色淡，为橙黄带有烟黑色，胸、腹部及足橙黄色，跗爪及后足胫节内侧细条纹、刺列的每一刺基部黑色。

②卵 长卵圆形，长 1.6 毫米、宽 0.4 毫米，白色微黄，中间微弯曲，一端稍细，表面光滑。

③若虫 1、2 龄体色灰白色而微带黄绿色，2 龄色略深，头冠部皆有 2 黑色斑纹，胸腹部背面无条纹。3 龄若虫体色黄绿，除头冠部具 2 黑斑外，胸、腹部背面出现 4 条暗褐色条纹，但胸部侧缘的两条只限于翅芽部分，未能连贯腹背，翅芽已出现。4 龄若虫体色黄绿，翅芽发达，中胸翅芽已伸过中胸节基部，腹末节腹面出现生殖节片。5 龄若虫中胸翅芽后伸，几乎与后胸翅芽等齐，超过腹部第二节。跗节 2 节，但在第二跗节中有一缺刻，常误为 3 节，腹末节之腹面有 2 生殖节片。

(3)发生规律 我国一般 1 年发生 3 代，以卵越冬。越冬卵在 3 月下旬开始发育，由半透明逐渐变为浑浊状态，卵体也渐渐膨大起来，待复眼出现赤红色，胚胎形态便明显，即可以破卵而出。在胚胎发育过程中，卵体逐渐膨大，成虫产卵时造成的新月形裂缝，也渐渐裂开，若虫近孵化时，卵的顶端也常露在裂口外面，若虫孵出很容易爬出产卵裂缝。孵化时间均在早晨，从5时半开始，到10时结束，以7～8时为孵化高峰，不管晴天雨天，基本如此。越冬卵的孵化与温度关系密切，孵化较早的卵块躲在树干的东南向，孵化较晚的卵块，多在树干的西北向。

若虫孵出后大约经1小时开始取食，1天以后，跳跃能力渐渐强大。初孵幼虫常喜群聚取食。在寄主叶面或嫩茎上常见10多个或20多个若虫群聚为害，偶然受惊便斜行或横行，由叶面向叶背逃避，如惊动太大，便跳跃而逃。一般早晨，气温较冷或潮湿，不很活跃；午前到黄昏，便很活跃。若虫爬行一般均由下往上，多沿树木枝干上行，极少下行。若虫孵出3天后大多由原来产卵寄主植物上移到矮小的寄主如禾本科农作物上为害。雌成虫交尾后1天可产卵，产卵前成虫需迁移，9～10月间大青叶蝉多在花生、甘薯、蔬菜等矮小农作物为害，10月中旬庄稼多已收割，大青叶蝉四处奔走，此时蔬菜及杂草上虫数大增。到了产卵时间，雌成虫又寻觅梨、刺槐、槐、苹果、山楂、柳、桑等植物，此时迁移，多为雌成虫，雄成虫仍留在甘草、蔬菜、杂草上继续为害。

(4)控制方法　在成虫期利用灯光诱杀，可以大量消灭成虫；成虫早晨很不活跃，可以在露水未干时，进行网捕；9月底至10月初，收获庄稼时或10月中旬左右，当雌成虫转移至树上产卵以及4月中旬越冬卵孵化，幼龄若虫转移到矮小植物上时，虫口集中，可以用90%敌百虫、80%敌敌畏1 000倍液喷杀。

(七)象甲类

主要有短毛草象(*Chloebius psittacinus*)、西伯利亚绿象

(*Chlorophanus sibiricus*)、金绿球胸象(*Piazomias virescens*)、蜂喙象(*Stelorrhinoides freyi*)等。属鞘翅目,象甲科。是取食甘草茎叶的小象虫,常局部暴发造成危害,影响产量。

1. 形态特征

(1)短毛草象　雄虫体长3～3.2毫米,体宽1.2～1.3毫米;雌虫体长3～3.9毫米,体宽1.4～1.6毫米。体黑色,被覆绿色有金属光泽的鳞片,有时掺杂淡黄褐色鳞片,触角和足红褐色。喙的背面两侧平行,中沟窄而深;额窝窄而浅。前胸两侧略圆,中间最宽,宽略大于长,前后端几乎等宽。小盾片钝三角形。鞘翅肩钝圆,前胸和鞘翅行间的毛较短,色淡或暗,倒伏。从背面不容易看见。腿节不明显,呈棒状。

(2)金绿球胸象　雄虫体长4.3～4.9毫米,体宽1.7～2.1毫米;雌虫体长5.2～6.5毫米,体宽2.3～2.9毫米。全身密被均一绿色发金属光泽或金黄色鳞片和鳞片状毛,有时鳞片呈现铜绿色,发蓝,完全无光泽。触角和足褐色至暗褐色。头光滑;喙向前端索窄,背面两侧有明显的隆线;触角沟的上缘延长至眼,和喙的隆线构成三角形窝,窝相当深,从上面看得见;眼颇凸,长大于宽。前胸宽大于长,雄虫长为宽的0.74倍,雌虫长为宽的0.62倍,两侧凸圆,中间最宽,后缘宽大于长有刀刃状隆线,表面光滑,往往有3条暗的条纹。鞘翅卵形(雄)或宽卵形(雌),宽几乎等于前胸基部,以至前胸和鞘翅连一体;前缘隆线明显,形成边纹,刻点行宽。行间扁,毛明显。胫节内缘有一排长的齿,足与腹部发强光。

(3)西伯利亚绿象　雄虫体长9.3～9.4毫米,体宽3.4～3.7毫米;雌虫体长10.1～10.7毫米,体宽3.8～4.3毫米。身体黑色,密被淡绿色鳞片,前胸两侧和鞘翅行间的鳞片黄色,胫节和腿节较发光,胫节还发红。喙长大于宽,两侧平行;

触角沟指向眼，不向下弯。前胸宽大于长，基部最宽，后部尖，从基部至中间近于平行，背面扁平，散布横皱纹，有时皱纹很不明显，近两侧鳞片较稀，外侧被覆黄色鳞片，形成纵纹。小盾片三角形，色较淡。行纹刻点深，中间以后不明显。

2. 为害症状 该类小象虫主要取食甘草叶片，将甘草叶缘取食成缺刻状，致使叶片残缺而影响产量。

3. 发生规律 每年发生 2～3 代，以成虫或初龄幼虫在树皮缝隙、甘草及杂草根际越冬。该虫为害期长，一般甘草田 5～9 月份均可见到，7 月份至 8 月上旬为为害盛期。发生对湿度要求不严，空气相对湿度 20%～50%有利于繁殖。

4. 控制方法 甘草生产田要避免在林下或靠近林带种植；秋季结合打草，彻底清除田内及其周围野生的甘草秧，破坏其越冬场所，以压低虫口越冬基数，起到预防作用；发生时，虫口密度百株达到 100 头，可考虑药剂控制。可用 2.5%溴氰菊酯乳剂 1 000 倍液、2 500 倍液、5 000 倍液，每 667 平方米施药液 45 升，可取得满意的控制效果，防效分别为 98%、91.8%、88.3%，或用 90%敌百虫粉剂 1 000 倍液喷雾控制。

(八)盲蝽类

主要有三点盲蝽(*Adelphocoris fasciaticollis*)、苜蓿盲蝽(*Aline olatus*)和牧草盲蝽(*Lygus pratensis*)等盲蝽类。各甘草产区均有分布，约占害虫数量的 8.3%。

1. 为害症状 为害盛期为 7 月份至 8 月上旬，受害症状同叶蝉近似，但白色斑点较大，叶片多呈银白色，失绿。常与叶蝉混合发生，为害重时导致甘草早衰，提前落叶，生长势明显减弱。水肥充足的栽培甘草受害重于野生甘草，发生为害与繁殖的适宜气温为 18℃～25℃，空气相对湿度为 60%以上，人工栽培中应注意密度、水肥管理，防止造成暴发成灾的生境。

2. 发生规律 每年发生3～4代。牧草盲蝽以成虫在田间杂草、树皮裂缝、枯枝落叶内、石块或土缝内、寄主根际等处越冬，其他盲蝽以卵在甘草、苜蓿等寄主残枝内、树皮裂缝中越冬。

3. 控制方法 牧草盲蝽的控制，秋、冬清除田内及周围的残枝落叶，春季及时清除杂草；同时严格水肥管理，适当疏苗，使植株生长健壮，减少虫口数量。虫口过大时可用常规农药控制。苜蓿盲蝽的控制，加强农业措施。早春结合积肥、清除蒿类和其他寄主杂草，第二代盲蝽发生面积小，便于集中施药控制，可借此压低侵入虫量。

（九）甘草透翅蛾

甘草透翅蛾（*Parathrene* sp.）属鳞翅目，透翅蛾科。主要分布于荒漠沙地甘草，其他生境也可见到。

1. 为害症状 幼虫从甘草茎基地表下钻入茎内，从茎心向上钻蛀为害，受害甘草很快死亡，地下部分常由入蛀处向下腐烂，造成损失。

2. 发生规律 每年发生2代，8月中下旬为主要为害阶段，以老熟幼虫在枯枝内越冬。

3. 控制方法 注意做好冬前打草，消灭越冬虫源，并及时清除受害植株。

（十）甘草地下害虫

1. 地下害虫种类 甘草地下害虫种类多、数量大，同样具有啃食种子，嚼食种子苗，造成缺苗断垄的为害，加之其隐蔽性、夜出性生活特性，严重影响甘草生产及经济效益，因此，地下害虫的控制十分重要。

甘草出苗阶段主要有蝼蛄、何氏东方鳖甲、华北大黑金龟子的幼虫（蛴螬）、黄褐丽金龟等，常咬食胚轴子叶造成缺苗断垄。苗期到成株期主要有甘草胭蚧、华北大黑金龟子的幼虫、蛴螬、金针虫等。其他还有小黄鳃金龟、黄褐异丽金龟子、华北蝼蛄、赤绒金龟子、黑绒金龟子等。

2. 为害情况 野生甘草同人工栽培的甘草相比，在受到地下害虫为害后，损失差别较大。野生甘草根头距地表较深，多在50厘米以下，地下害虫取食为害的主要是地下茎，为害后不定芽可迅速生长而再生，不至于全株死亡。而栽培甘草生长年限短，根头距地表浅，被取食为害的多是主根，造成腐烂，感染幼小植株，恢复能力弱，常导致全株腐烂死亡，失去商品利用价值。甘草胭蚧、蛴螬等地下害虫为害，是大面积人工栽培甘草缺苗、死亡的主要原因。

3. 控制方法 ①播种前选择地下害虫较轻的，不利于地下害虫发生的环境、地域作播种田。②精细整地、深耕重耙，破坏其生境，杀伤虫体。③施用腐熟厩肥，防止蛴螬等被人为带入甘草田。④重视播种前的催芽拌种处理，可按种子总重量的0.1%，加入浓度为25%辛硫磷乳油拌种。⑤在地下害虫虫口密度较大的地块，耕地前每667平方米喷洒2%辛硫磷粉剂5千克，亦可用甲敌粉进行播前土壤处理。⑥人工捕杀金龟子。用1个大的、瓶口能钻进较大金龟子的玻璃瓶，如啤酒瓶、大口的药瓶等，最好是浅色瓶，把瓶刷干净，将2～3头活金龟子放进瓶中，用绳子拴住瓶颈，系在田旁的树枝或灌木枝上，瓶口距树枝2厘米左右较好。金龟子具有群聚的习性，会陆续飞到树枝上，然后钻进瓶子里去，进瓶后就出不来了。一般可隔 3～4 株树吊 1 个瓶。满瓶后，取下来用热水把金龟子烫死倒出来，再刷干净继续用。⑦ 3～5 年生的甘草要及时采挖。

为了达到无公害药材的质量标准，在距甘草采收前的 45～60 天禁止喷施有毒农药或其他化学药剂，以防农药或有害重金属在甘草药材中残留超标。

（十一）甘草害虫的主要天敌及保护利用

甘草害虫种类繁多，天敌种类也较多。主要有草蛉、猎蝽、瓢虫、虎甲、姬蜂、食蚜蝇、蜘蛛等。

1. 草蛉 属脉翅目、草蛉科。为甘草产区常见的、对害虫控制能力较强的天敌，应注意保护。常见的有中华草蛉、大草蛉、丽草蛉等 4～5 种，以甘草生长旺盛茂密的田块及纯甘草田中虫口密度较大，百株可达 20 头。对蚜虫、叶蝉、盲蝽若虫、叶甲卵及幼虫，鳞翅目害虫卵、幼虫，蝽类卵、若虫等多类害虫都有较强的捕食能力。该虫有进入甘草田早、退出晚的特点，6～8 月份数量较大，控制害虫时间长。在施用农药控制害虫时应注意草蛉的保护和草蛉的密度，当益害比 1∶200 蚜虫、1∶80 叶蝉时可以免于施药或推迟施药。

2. 猎蝽 属半翅目、猎蝽科。主要有枯猎蝽、窄姬猎蝽、灰姬猎蝽、华姬猎蝽等几种，各甘草产区均有分布，5～9 月份田间均可见到，6～8 月份数量较多，一般百株虫口 6～10 头，不同甘草田差异不大，常年数量变化亦较小。对甘草各时期的蚜虫、叶蝉、叶螨、蓟马、盲蝽若虫、鳞翅目害虫卵、幼虫等有一定捕食能力，对叶蝉、叶螨的发生抑制能力较强。

3. 瓢虫 属鞘翅目、瓢虫科。主要有多异瓢虫、异色瓢虫及七星瓢虫等数种。在荒漠草原区，每年出现于 6～8 月份。七星瓢虫集中于6月中旬至7月上中旬;多异瓢虫集中于6月下旬至7月下旬,密度大时百株虫口10～22头,对此阶段的蚜虫、叶蝉、蓟马等其他害虫的卵和幼虫有一定抑制能力。以滩地发生时间较长,密度较大,控制害虫能力较强。

4. 虎甲 属鞘翅目、虎甲科。以曲纹虎甲为主。该虫为夜出性,白天田间调查不易发现,夜间网捕或灯诱则易发现大量虫口。虎甲的成、幼虫多在地表活动,故对地表活动的甘草胭蚧成虫、地老虎、拟步甲等害虫有一定控制能力。成虫亦可捕食甘草茎叶害虫。沙地荒漠草原虫口密度大。

5. 姬蜂 属膜翅目、姬蜂科。有姬蜂、抱缘姬蜂、地蚕大铗姬蜂等多种,各甘草产地均有分布,甘草生长季节均可见到。寄生于鳞翅目、鞘翅目、膜翅目等害虫的卵、幼虫和蛹,对鳞翅目幼虫寄生能力尤强。控制害虫作用较大。

6. 食蚜蝇 属双翅目、食蚜蝇科。常见的有大灰食蚜蝇、刺腿食蚜蝇、黑带食蚜蝇和凹带食蚜蝇等数种,分布普遍,常年可见到,其捕食对象有蚜虫、介壳虫、粉虱、叶蝉、蓟马等小型昆虫。对害虫有一定的控制作用。

7. 蜘蛛 属蛛形纲、蜘蛛目。为天敌系统中的一个重要类群,各甘草产地均有分布,多捕食叶蝉、叶甲、盲蝽及鳞翅目成、幼虫等多种害虫,捕食面广,食量大。甘草田中出现早、消失晚,数量大,一般百株虫口10～20头,对害虫控制作用较大。

8. 步甲 主要有黄鞘婪步甲、锥须步甲和谷婪步甲等。

五、甘草草害及控制

(一)杂草对甘草的危害

甘草田的杂草种类很多,多数杂草具有适应性强,生长快;结实率高,成熟速度快;繁殖材料寿命长,易贮藏;繁殖方式多样,繁殖率高;传播途径多等特点。杂草丛生与甘草苗争肥、争水、争空间,有些杂草还是甘草作物病虫害的中间寄主,帮助病虫害蔓延与传播,降低甘草的产量;杂草与甘草争光,使甘草苗纤细,影响甘草的质量。特别是人工栽培甘草,若不及时消除杂草,会造成大量死苗,甚至毁种。经调查甘肃省民勤绿洲外围的武威市石羊河林业总场义粮滩分场,杂草种类繁多,平均达到 8 万株/667 平方米,其中对甘草形成草荒的杂草主要有打碗花、碱蓬、灰条、冰草、芦苇、芨芨草、谷稗、苍耳、苦豆子、刺儿菜、紫花苜蓿等 20 余种,要保证人工栽培甘草的经济效益,防除杂草是重要环节。

(二)杂草的防除技术

1. 农业控制 ①甘草属豆科多年生草本植物,在选地时要选择杂草少的地块,特别是要注意地块内宿根性杂草群落的危害情况,如冰草、沙芦草、打碗花等杂草。②与耕作措施相结合,秋末深耕,把大量草籽翻入地下深处,翻出块茎、块根类杂草,冬季冻杀。③计划在甘草田里施用农家肥的,一定要选用过度腐熟的农家肥,防止牲畜粪便中的藜科和禾本科杂草通过施肥传入甘草地块。④播前中耕、灭草。

2. 人工或机械中耕除草 甘草从播种到幼苗封垄是杂

草危害最为严重的时期，此时幼苗生长慢，杂草对幼苗影响大，应及时安排中耕除草。除草要求锄早、锄小、锄了。避免杂草与甘草争肥水，影响甘草产量。

一般在第一次浇水前人工进行第一次中耕除草；在甘草幼苗期浇头水后 6～10 天进行第二次中耕除草，苗高 10 厘米以上时，结合中耕，用中耕机或中耕器进行机械除草，人工辅助拔除株间杂草，此后视杂草生长情况安排除草 1～2 次，可使杂草得到有效控制，保证甘草进入旺盛生长期以前不受杂草为害。翌年，从返青到入伏，进行 1～2 次中耕除草。中耕时锄要浅，以免伤及根状茎。第三年，可进行 1 次中耕除草，或不进行中耕。

3. 除草剂除草 甘草田间可选用适用于豆科类作物田的除草剂进行除草。2002～2006 年石羊河林业总场义粮滩分场为筛选出对甘草安全的除草剂，进行了甘草田间杂草化学控制试验。试验根据甘草双子叶豆科作物的特征，选用了作物芽前除草剂 2 种，即氟乐灵和仲丁灵；叶面除草剂 6 种即草甘膦、克无踪、高特克、普净、拿捕净、高效盖草能(表 5-5)。

表 5-5 甘草田除草剂防除杂草效果

除草剂	处理时间	剂量(毫升/667 平方米)	甘草幼苗的症状	除草效果
仲丁灵	播前 3～4 天	48%butralinEC 150～200	芽、苗正常	抑制禾本科杂草和小粒种子的藜、蓼科等杂草出土，有效期 40 天
氟乐灵	播前 5～7 天	48%乳油 50～70	芽、苗正常	抑制禾本科杂草和小粒种子的藜、蓼科等杂草出土，有效期 50 天

续表 5-5

除草剂	处理时间	剂量(毫升/667 平方米)	甘草幼苗的症状	除草效果
克无踪	出苗前 3 天	20%水剂 30～50	已出土苗死、未出土芽活	可杀死所有出土杂草
草甘膦	出苗前 3 天	10%水剂 100～150	芽死、苗死	出土杂草均可杀死
普　净	幼苗出土后至封垄	10%乳油 40～50	芽、苗正常	1 年生禾本科杂草均可杀死
高特克	幼苗出土后至封垄	48%乳油 20～25	芽死、苗受到药害	对 1 年生藜科、蓼科出土杂草有一定的抑制作用
拿捕净	幼苗出土后至封垄	20%乳油 70～130	芽、苗正常	可杀死 2～3 叶期 1 年生禾本科杂草,5 叶期以上效果差
高效盖草能	幼苗出土后至封垄	21.5%乳油 40～60	芽、苗正常	可杀死 2～3 叶期 1 年生禾本科杂草,5 叶期以上效果差

表 5-5 表明,以上 8 种除草剂中草甘膦在当年播种时不能使用。克无踪对尚未出土的甘草幼苗没有影响,但在甘草幼芽出土前可用克无踪喷雾杀死已出土的任何杂草。仲丁灵、氟乐灵可作为甘草芽前除草剂使用,但一定要掌握好使用剂量。氟乐灵土壤残留期较长,一般不推荐使用。普净、拿捕净、高效盖草能只能防除甘草田 1 年生禾本科杂草,其中以普

净的效果最好。高特克可防除藜科杂草，但对甘草和杂草均有一定的抑制作用，不能使用。通过试验观察，选用的芽前除草剂有效期限短，对甘草安全的几种叶面除草剂只能防除部分杂草。研究认为，化学除草的最佳方案如下。

(1)播前预防　甘草是多年生植物，在选地时要多考虑选择头年杂草少的地块。计划栽培甘草的有宿根性杂草的地块要在头年秋季用草甘膦进行防除。在播种前7～10天最好用氟乐灵等对1年生杂草有一定杀伤力的药剂做土壤处理，但要特别注意用量，一般用量为80～100毫升/667平方米即可。播种前5～7天，每667平方米用48%仲丁灵乳油150～200毫升拌沙撒施，结合播前耙耱形成3厘米的毒土层，土壤含水量要达到5%以上，可防止禾本科杂草和小种子杂草的出土。

(2)苗前控制　播后幼苗出土前根据杂草出土情况，在出苗前3天每667平方米用20%克无踪水剂30～50毫升喷雾1次，杀死早春杂草。

(3)苗期控制　幼苗出土后至封垄期根据杂草出土和生长情况，在杂草2～6片真叶时，每667平方米用10%普净乳油或20%拿捕净乳油喷雾2～3次杀死禾本科杂草。在甘草8～10叶期，植株高度15厘米以上时每667平方米，随水冲施10%仲丁灵乳油100毫升，可防止1年生禾本科和藜科杂草幼芽的出土。

化学除草剂只能防除部分杂草，要做到灭除甘草田间杂草，最佳的方法是化学除草与人工除草相结合，一般在甘草生长的第一年通过化学除草3次，人工除草2次，破坏杂草生境，便可达到理想的效果。

(三)除草应注意的事项

甘草苗期田间杂草生长迅速,使用除草剂和结合人工除草是必需的,但除草应注意:①人工除草尽量避免伤及甘草苗,防止在除草时把甘草幼苗带出土。②除草应及时、彻底,尽量清除宿根杂草的地下根和根茎。③拔除的杂草应清出甘草田。④选择合适的除草剂用于甘草生产。

第六章 甘草标准化生产的采收、加工及贮藏

一、采 收

(一)茎叶刈割

甘草地上茎叶常作为草食家畜的优质饲草、饲料,在营养最佳时期刈割,利用率最高,但刈割不当又会影响甘草地下根的发育。所以,刈割地上茎叶要在不影响地下根正常发育的情况下进行。当年育苗地和直播地种植的甘草,秧苗高30厘米以上,可在霜冻前刈割1次,留茬不低于5厘米,如果秧苗生长不足15厘米,最好不刈割,带秧越冬。生长第二年后的甘草,茎叶生长旺盛,可在现蕾至开花期刈割第一茬草(留茬要高),在霜冻前刈割第二茬草,可刈割全株,以增加生物产量。人工种植的甘草,如果需要采收种子,只能刈割1次草。

(二)种子采收

甘草主要靠种子繁殖,进行人工栽培时必须年年采种。为保证种子成熟度一致,在开花结荚期摘除靠近分枝梢部的花或果,即可获得大而饱满的种子。为了增加采种量,最好在开花初期,喷施防虫农药,以减轻豆象和种子小蜂的为害。采种应在荚果脱绿变色,有80%呈黄褐色,种子成熟坚硬时最好,这样的种子硬实率低,种子处理简便,出苗率高。甘草荚

果密聚，荚壳坚硬，成熟后的种子不宜脱落，采种过早，发芽率低，幼苗长势弱，所以采收种子越晚越好。采收的荚果晒干后，滚压脱壳，去除杂质，风选净种。种子在入库前还要晾晒，含水率不能超过 7%。如果种子遭受虫害较为严重，入库前最好用碾米机处理 1 次，把虫蛀的坏种子打碎清出去，并在贮存的种子中加入防虫药剂。

（三）产品采收

1. 采收季节与年限　甘草的主要成分是甘草酸和甘草苷。现代最新研究证明，甘草酸的含量随甘草生长季节的变化而变化。化学成分分析表明：甘草酸的含量秋草（秋季采挖的甘草）大于春草（春季采挖的甘草），春草大于夏草（夏季采挖的甘草）。夏季正是甘草生长旺季，甘草酸含量低，不宜采挖；春季解冻之后、发芽之前可采挖，但秋末至冬初（10 月中旬至 11 月上中旬）茎叶枯黄后采挖的甘草最好，此时采挖的甘草根部物质积累最丰富，甘草酸、甘草苷含量及产量都高，质坚体重、粉性足，甜味浓，为最佳采收期。

甘草酸的含量也与生长年限密切相关。2006 年对甘肃省民勤甘草规范化种植基地种植的 1 年生、2 年生、3 年生、4 年生和 5 年生甘草的主根取样，并送甘肃中医学院进行甘草酸、甘草苷含量的测定。测定结果表明，在甘肃省民勤种植甘草除 1 年生的甘草酸和甘草苷含量均达不到规定外，种植 2 年生、3 年生、4 年生和 5 年生甘草的甘草酸、甘草苷含量均达到《中华人民共和国药典》（一部，2005 版）规定的标准，但以 4 年生和 5 年生甘草的甘草酸、甘草苷含量为最高，适宜采挖。4～5 年生甘草根甘草酸含量（4.38%～5.01%），明显比 2～3 年生根甘草酸含量（2.33%～3.41%）高（表 6-1）。种植试验观察，直播甘草生长 3 年后 80％的根可达到等级草的标准。因此，栽培直播甘草 3～4 年、移栽 2～3 年即可收获。人工直播栽培的 3 年生甘草秋季采挖供药用为最佳。如因土地、田间管理等原因没达到药材标准，可以再生长 1 年收获。通过测产，达到 1.5 千克/平方米成品，即 1 000 千克/667 平方米以上鲜根时，可收获作成品。

表 6-1 民勤甘草的种植年限与其成分含量关系

种植年限	甘草酸含量（％）	较标准增减（％）	甘草苷含量（％）	较标准增减（％）
1	1.36	－0.64	0.66	－0.34
2	2.33	＋0.33	1.02	＋0.02
3	3.41	＋1.41	1.23	＋0.23
4	4.38	＋2.38	2.46	＋1.46
5	5.01	＋3.01	2.97	＋1.97

注 《中华人民共和国药典》(一部，2005 版)规定的标准：甘草酸含量 2.0％；甘草苷含量 1.0％

2. 采挖深度与方法 甘草是豆科甘草属多年生草本植物，根系发达，入土深，随种植年限的增长，地下匍匐茎很多，给采挖工作带来了很大难度。为了探讨甘草根系的分布规律，确定适宜的采挖深度，甘肃农业大学和甘肃农业职业技术学院在甘肃省武威市石羊河林业总场义粮滩分场进行了栽培甘草根系分布规律及生物量的试验研究，结果表明：0～40 厘米土层分布的 3～4 年生甘草干重分别占根系总干重的 87％、88.8％；0～50 厘米土层分布的 3～4 年生甘草干重分别占根系总干重的 92.8％、94％。0～40 厘米土层集中的3～4 年生甘草产量分别为干重 715.2 千克/667 平方米、1 056.8 千克/667 平方米；0～50 厘米土层集中的 3～4 年生甘草产量分别为干重 763.4 千克/667 平方米、1 118.9 千克/667 平方米。等级甘草主要分布在 0～30 厘米深的土层中。因而，栽培甘草机械化采挖深度应定位在 40 厘米深度以上，以 40～50 厘米为最佳采挖深度。

甘草采挖前，可先割去茎叶。采用斜栽或平栽的甘草，可沿行两侧进行采挖。直播的甘草应顺着根系生长的方向深挖，尽量不刨断根，不伤根皮，待根茎露出地面 30～40 厘米后，用力拔出。为提高甘草采挖的综合效益，采挖时提倡使用已研制成功的甘草掘苗犁或甘草专用犁采挖最好。采挖前用软杆粉碎机将地上茎叶粉碎或先割取地上茎叶，用"东方红 75 型"拖拉机带动甘草专用犁或甘草掘苗犁顺行开沟采挖，然后人工将犁(挖)出的甘草根拣出来，再犁第二行，依次进行。

为了保证甘草产品的高质量、高等级和甘草群落的持续发展，近些年来各地创造了许多较为理智的新的采挖办法。秋季只采挖够等级的根，把不够等级的留下(根头直径在 0.5 厘米以下)，春季即可萌发新芽，形成新的甘草植株。或把根全部刨出来，把不够等级的挑选出来作为甘草苗再移栽，或将根剪成 10～15 厘米长，带有 2～3 个芽眼的小段，随即埋入土中，采用假植的办法保存越冬，翌年春季挖出再移栽。春季采挖，可以边采收边移栽，保持甘草连续生长，不留空地，既防风固沙，同时也保证了甘草成品的质量。

甘草茎叶的营养成分与其他主要牧草相比，甘草粗蛋白质含量与紫花苜蓿相近，比红豆草少 2%左右，可它的粗脂肪含量比紫花苜蓿、红豆草分别高 3%～4%，粗纤维含量相应少 2%～10%。所有家畜都喜欢吃晒干的甘草茎叶，尤其是甘草和其他禾本科及豆科牧草混合后的甘草草粉，营养互补，增重效果显著(表 6-2)。

表 6-2 甘草地上茎叶营养成分含量

物候期	原样中(风干)(%)								干物质中(千克)				
	干物质	粗蛋白质	粗脂肪	粗纤维	无氮浸出物	粗灰分	钙	磷	可消化蛋白质(克)	消化能(兆焦)	代谢能(兆焦)	粗蛋白质(%)	粗纤维(%)
营养期	92.64	13.17	4.80	17.19	50.53	6.95	0.60	0.20	77.40	2.94	2.41	14.22	18.56
结籽期	95.06	13.07	4.88	16.54	44.01	16.7	1.13	0.22	123.78	3.39	2.78	13.57	17.40

二、加 工

(一)产地加工

1. 西草加工 将挖取的甘草根抖净泥土,趁鲜用利刀将支根从靠近主根部位削下,然后用铡刀把甘草的根头(即芦头)、侧根铡下,将根条按直径大小分成不同等级,根条不能短于 20 厘米。修剪切段后的甘草,分等级晾晒,阳光充足的天气晒干最好。晾晒甘草要注意防雨,否则易受潮生霉。遇阴雨天气,应将甘草根按“井”字形堆放法堆放在干燥的地方。地面上要用厚枕木垫起,保持通风透气,并要经常翻动检查,使其均匀干燥。当甘草根晒至半干后,捆成直径 10 厘米左右的小捆,继续晒至全干为止。晾晒时,只晒头不晒身,这样干燥的产品断面黄亮,皮色不变。

2. 东草加工 东草加工干燥方法基本同于西草,所不同的是东草加工过程不切根头。加工东草或西草时，弯曲的根条可用刀将弯曲的部位砍几个小口，然后慢慢顺直晾晒或打捆。

习惯上将直立根茎称为“棒草”，横生根茎称为“条草”，侧生根茎称为“毛草”。不论东草还是西草，凡其根径约 5 毫米以下的根条弯曲多叉的小根，商品上统称毛草。一般 3 年生栽培甘草每 667 平方米产干货可达 650～1 000 千克，若水肥充足，2 年生甘草每 667 平方米产干货可达 500～600 千克。

（二）甘草现代炮制方法

1. 净制 除去杂质即可。粉甘草则须除去外皮。

2. 切制 一般在新鲜时切制最为理想。如已是干品，则应拣净杂质，除去残茎和空心部分，洗净，捞出润透，用切刀或切片机切成厚片，干燥。

3. 炮 炙

（1）蜜制 先将蜂蜜加适量开水稀释后，加入净甘草片拌匀，焖透，置锅内用文火炒至黄色，有香气，不粘手时，取出摊开放凉后，收藏即可。每 100 千克甘草，用蜂蜜 25 千克。

（2）炒制 取切好的甘草片置锅内，用文火炒至深黄色为度，取出，放凉。

（3）麸制 先将麦麸炒热，加入甘草，炒 20～30 分钟，至甘草断面呈黄色，筛去麦麸，再用水洗去麦麸，12 小时后，切片即可。

4. 炮制对甘草品质的影响 对甘草粗末和饮片的水煎液数种物理常数和甘草酸含量测定结果证明，甘草粗末比饮片煎出成分多，有显著差别。粗末头煎比饮片头煎多煎出甘草酸 0.357 克，粗末二煎比饮片二煎多煎出甘草酸 0.14 克。

粗末与水的接触面大，有利于药中成分煎出。用甘草粗末，可达到节约用药的目的。建议将甘草研成0.15～0.2厘米粗末状入煎。

对生甘草，青炒甘草与6种不同加蜜量的甘草炮制前后甘草酸的含量测定结果表明，甘草酸的含量没有显著变化，甘草酸的含量与加蜜量多少无关。但从中医角度看，蜜炙可与甘草起协同作用，故加蜜量以100千克甘草，加蜜18～20千克为好。

对比甘草加工过程中，浸泡与浸润时间长短，以及饮片厚度，对甘草酸含量的影响。试验结果表明，浸泡48小时的损耗率，水溶性浸出物为49.8%，甘草酸48.4%；浸润48小时的损耗率，水溶性浸出物为7.2%，甘草酸为4.5%。认为甘草只能润，不能泡，浸泡对药材的有效成分损失极大。润药对某些质地坚硬的药材不能忽略，否则对有效成分和疗效都有严重影响。饮片厚度2～3毫米，甘草酸的浸出率为99.9%；饮片厚度5～6毫米，甘草酸的浸出率为85.2%。饮片厚度对有效成分的浸出有一定影响，应以2～3毫米为好。

比较生甘草与炙甘草对实验性心律失常的影响。有结果表明，炙甘草对抗氯化钡($BaCl_2$)诱发大白鼠心律失常方面优于生甘草。

对比蜜炙炒甘草和蜜炙烘甘草，对大鼠肾上腺内维生素C与胆固醇含量的影响，及其急性毒性。有研究结果表明，炒甘草与烘甘草相等剂量下，有相同的促皮质激素样作用和拮抗地塞米松对下丘脑-垂体-肾上腺皮质轴的抑制作用。烘甘草的急性毒性低于炒甘草的毒性。现代化大生产，可用烘甘草代替手工炒甘草，有利于统一工艺标准。

应用纸层析-紫外分光光度法，分析测定烘法与炒法炮制的蜜炙甘草。结果表明，两者的甘草酸含量变化没有显著性差异。认为烘法可代替传统的炒法蜜炙甘草，在实际生产上是可行的。

（三）甘草古代炮制方法

1. 炮制方法

（1）净制　凡使须去头尾尖处（宋·《证类》）。去芦头及赤皮（宋·《证类》）。消去赤皮，细锉（宋·《背疽方》）。去芦头刮赤皮，生亦可用（明·《晶汇》）。

（2）切制　细切（南齐《鬼遗方》）。细锉（宋·《证类》）。切作细块；捶碎（宋《传信》）。切如大豆，捣罗为末（明·《普济方》）。切片（清·《大成》）。

（3）炮炙（火炙）　炙焦为末（汉·《玉函》）。炙微赤，锉（宋·《圣惠方》）。炙黄色（宋·《博济》）。炙令微紫（宋·《总录》）。方书炙甘草皆用长流水蘸湿炙之，至熟刮去赤皮（明·《纲目》）。用清水蘸炙（明·《大法》）。用长流水浸透，炭火炙，蘸水以一盆水尽为度（清·《大成》）。

（4）炒制　微炒（汉·《金匮》、清·《笺正》）。炒令黄（宋·《博济》）。细锉炒令紫黑色（宋·《博济》）。切碎，炒黄黑色（宋·《洪氏》）。锉炒令焦（明·《普济方》）。

（5）火炮　先炮令内外赤黄用良（宋·《证类》）。炮熟锉焙（宋·《朱氏》）。炮再麸炒（明·《普济方》）。

（6）酒酥制　凡使须去头尾尖外，其头尾吐人，每斤皆长三寸锉，劈破作六七片，使瓷器中盛。用酒浸蒸从巳至午出暴干，细锉，使一斤用酥七两涂上，炙酥尽为度（宋·《证类》）。

（7）蜜制　蜜煎甘草涂之（唐·《千金翼》）。蜜炒（宋·《局方》）。去皮蜜炙（明·《医学》、明·《醒斋》）。切片用蜜水拌炒(明·《大法》)。

(8)炭制　炒存性(宋·《博济》)、于罐内烧不令烟出(宋·《总录》)。锉烧存性(明·《普济方》)。

(9)醋制　纸裹五七重,醋浸令透,火内慢火煨干,又浸如此七遍(宋·《苏沈》)。一半生用,一般纸裹五六重,醋浸透,火内慢火煨干(明·《普济方》)。

(10)浆水制　制,擘破,以淡浆水蘸三二度,又以慢火炙之(宋·《证类》)。

(11)盐制　盐水浸炙黄(宋·《总录》)。盐擦炙(明·《普济方》)。

(12)胆汁制　猪胆汁浸五宿,漉出炙香(宋·《总录》)。用猪胆汁一枚取汁浸炙为度(明·《普济方》)。

(13)油制　于生油内浸过,炭火上炙,候油入甘草用(宋·《总录》)。涂麻油炙干(明·《必读》)。

(14)煨干　黄泥裹煨干,去土锉(宋·《朱氏》)。湿纸煨透(元·《活幼》)。

(15)酥制　每斤用酥七两,涂炙酥尽为度(明·《纲目》)。

(16)姜制　姜汁炒(明·《必读》)。

2. 炮制作用　①入药须微炙,不尔亦微凉,生则味不佳(宋·《衍义》)。生用大泻热火,炙之则温能补上焦、中焦、下焦元气……(元·《汤液》)。生甘平,炙甘温,纯阳补血养胃(明·《普济方》)。生用消肿导毒治咽痛,炙则性温能健脾胃和中(明·《入门》)。大抵补中宜炙用,泻火宜生用(明·《纲目》)。②细小者能治小便痛(宋·《疮疡》)。梢去肾经痛(明·《普济方》)。疮科用节,下部用梢,缓火用生大者好(明·《仁术》)。甘草梢达茎中而止痛(清·《集解》)。③甘草经蜜炙能健脾调胃(清·《集解》)。和中补脾胃,粳米拌炒,或蜜炙用(清·《得配》)。

三、包装与贮藏

甘草包装一般为外包麻布的压缩打包件,每件 50 千克,贮藏于干燥、通风处,商品安全水分为 12%~14%。

甘草易遭虫蛀,为害甘草的仓虫有咖啡豆象、家茸天牛、四星栗天牛、大理窃蠹、赤拟谷盗、波文皮蠹、褐足步甲、榭长蠹、榭红腹长蠹、拟脊胸露尾甲、竹蠹等 10 多种。被虫蛀的甘草表面完好,仅在两端出现白色粉状蛀点,但内部往往已有多数孔洞,在地上敲打,容易折断。发现虫蛀可用磷化铝等熏杀。甘草生产基地可采用密封抽氧充氮(或充二氧化碳)养护。

甘草易霉变,若空气湿度过大,甘草表面易发生霉斑或白色和绿色菌丝。可采用以下措施防治:含水量确保 14%以下,环境相对湿度控制在 80%以下,包装密封良好,采用堆位和帐去湿;发现霉变,将甘草在阳光下暴晒或采用化学熏蒸,用 10 000∶1 比例的荜澄茄挥发油,密封熏蒸 6 天,其真菌含量大为减少。

贮藏期间应定期检查,消毒,经常通风,保持环境整洁、干燥。

甘草的有效成分含量随贮藏年限的延长而递减。如乌拉尔甘草贮藏 1 年,其甘草苷含量 5.12%,贮藏 2 年者为 4.24%,贮藏 3 年的为 3.08%。因此,甘草的贮藏期限不宜过长,存放时间越长,药效成分损失越大,最好是随挖随卖、随收随卖。

第七章　甘草产品的规格标准和质量标准

近年来我国在药材生产上开展实行规范化生产，加强药材质量监督管理，从源头开展质量监管，有利于提高产品的质量，可促使甘草生产走向规范化、标准化。

一、甘草产品的规格标准

根据国家药品监督局、中华人民共和国卫生部制定的药材商品规格标准，甘草分为西草、东草 2 个品别。其中西草分 5 个规格，8 个等级；东草分 2 个规格，4 个等级。

（一）西　草

产于内蒙古西部及陕西、甘肃、青海和新疆等地的甘草称为西草。

1. 大草　统货：干货。呈圆柱形，表面红棕色、棕黄色或灰棕色。皮细紧，有纵纹，斩去头尾，切口面整齐。质坚实，体重。断面黄白色，粉性足。味甜。长 25～50 厘米，顶端直径 2.5～4 厘米。黑心带不超过总重量的 5%。无须根、杂质、虫蛀、霉变。

2. 条草　分 3 个等级。

一级　干货。呈圆柱形，单支顺直。表面红棕色、棕黄色或灰棕色。皮细紧，有纵纹，斩去头尾，切口面整齐。质坚实，体重。断面黄白色，粉性足。味甜。长 25～50 厘米，顶端直径 1.5 厘米以上。间有黑心。无须根、杂质、虫蛀、霉变。

二级　干货。呈圆柱形，单支顺直。表面红棕色、棕黄色或灰棕色。皮细紧，有纵纹，斩去头尾，切口面整齐。质坚实，体重。断面黄白色，粉性足。味甜。长 25～50 厘米，顶端直径 1 厘米以上。间有黑心。无须根、杂质、虫蛀、霉变。

三级　干货。呈圆柱形，单支顺直。表面红棕色、棕黄色或灰棕色。皮细紧，有纵纹，斩去头尾，切口面整齐。质坚实，体重。断面黄白色，粉性足。味甜。长 25～50 厘米，顶端直径 0.7 厘米以上。间有黑心。无须根、杂质、虫蛀、霉变。

3. 毛草　统货：干货。呈圆柱形弯曲的小草，去净残茎，不分长短。表面红棕色、棕黄色或灰棕色。断面黄白色。味甜。顶端直径 0.5 厘米以上。无杂质、虫蛀、霉变。

4. 草节(节子)　分 2 个等级。

一级　干货。呈圆柱形，单支条。表面红棕色、棕黄色或灰棕色。皮细，有纵纹。质坚实，体重。断面黄白色，粉性足。味甜。长 6 厘米以上，顶端直径 1 厘米以上。无须根、疙瘩头、杂质、虫蛀、霉变。

二级　干货。呈圆柱形，单支条。表面红棕色、棕黄色或灰棕色。皮细，有纵纹。质坚实，体重。断面黄白色，粉性足。味甜，长 6 厘米以上，顶端直径 0.7 厘米以上。无须根、疙瘩头、杂质、虫蛀、霉变。

5. 疙瘩头　统货：干货。系加工条草砍下的根头，呈疙瘩头状。去净残茎及须根。表面棕黄色或灰棕色。断面黄白色，味甜。大小长短不分，间有黑心。无杂质、虫蛀、霉变。

(二)东　草

产于内蒙古东部及黑龙江、辽宁、吉林、河北和山西等地的称为东草。

1. 条草 分3个等级。

一级 干货。呈圆柱形，上粗下细。表面紫红色或灰褐色，皮粗糙。不斩头尾。质松体轻。断面黄白色，有粉性。味甜。长60厘米以上，芦头下3厘米处直径1.5厘米以上。间有5%的20厘米以上的草头。无杂质、虫蛀、霉变。

二级 干货。呈圆柱形，上粗下细。表面紫红色或灰褐色，皮粗糙。不斩头尾。质松体轻。断面黄白色，有粉性。味甜。长50厘米以上，芦头下3厘米处直径1厘米以上。间有5%的20厘米以上的草头。无杂质、虫蛀、霉变。

三等 干货。呈圆柱形，上粗下细。间有弯曲分叉的细根。表面紫红色或灰褐色，皮粗糙。不斩头尾。质松体轻。断面黄白色，有粉性。味甜。长40厘米以上，芦头下3厘米处直径1厘米以上。间有50%的20厘米以上的草头。无细小须子、杂质、虫蛀、霉变。

2. 毛草 统货：干货。呈圆柱形弯曲的小草，去净残茎，间有疙瘩头，表面紫红色或灰褐色。质松体轻，断面黄白色。味甜。不分长短，芦头下直径0.5厘米以上。无杂质、虫蛀、霉变。

甘草商品流通过程中，西草中不符合“皮细色红、粉足”优质甘草标准者可列为东草；而东草商品一般未去头尾，若皮色好，又去了头尾，也可被列为西草。即东草与西草主要以商品的品质区分，不受产区限制。

以上是国家制定的甘草药材商品规格，但在实际甘草药材收购中，各地对甘草药材商品规格的标准略有不同，如宁夏地区野生甘草收购标准为：根头直径在2.5厘米以上者为特级草，根头直径在2厘米以上者为甲级草，根头直径在1.4厘米以上者为乙级草，根头直径在1厘米以上者为丙级草，根头直径在0.7厘米以上者为丁级草，根头直径在0.7厘米以下者为节草。丁级草和节草为工业用草。另外，还有混等草、粉草等规格。现行家种乌拉尔甘草的商品规格及质量标准见表7-1。野生甘草商品规格标准见表7-2。

表7-1　人工栽培乌拉尔甘草的规格及质量标准

<table>
<tr><th>等　级</th><th>根　长
（厘米）</th><th>根头直径
（厘米）</th><th>根尾直径
（厘米）</th><th>含水量
（%）</th><th>质量标准</th></tr>
<tr><td>甲级条甘草</td><td>＞20</td><td>＞1.5</td><td>＞1.3</td><td>14</td><td rowspan="7">药材商品要求无土、无杂质、无虫蛀、无霉变、无冻伤，头尾一致，打成小把，每小把500克左右，含水量14%，即以根头能折断为干货，超过14%折水收购。</td></tr>
<tr><td>乙级条甘草</td><td>＞20</td><td>＞1.3</td><td>＞1.1</td><td>14</td></tr>
<tr><td>丙级条甘草</td><td>＞20</td><td>＞1.1</td><td>＞0.9</td><td>14</td></tr>
<tr><td>丁级条甘草</td><td>＞20</td><td>＞0.9</td><td>＞0.7</td><td>14</td></tr>
<tr><td>横走茎</td><td colspan="3">芦头及横走茎</td><td>14</td></tr>
<tr><td>毛甘草</td><td colspan="3">0.7厘米以下须根和侧根</td><td>14</td></tr>
<tr><td>混等条甘草</td><td colspan="3">＞20厘米，甲、乙级占50%，丙、丁级占50%</td><td>14</td></tr>
</table>

表7-2　野生甘草商品规格标准

规　格	等　级	标　　准
条甘草	特　等	干货。呈圆柱形，表面红棕色、棕黄色或灰棕色。皮细紧，有纵纹，斩去头尾，切口面整齐。质坚实、体重。断面黄白色，粉性足，味甜。长25～50厘米，顶端直径2.5～4厘米，黑心草不超过总重量的5%

续表 7-2

规格	等级	标准
条甘草	一等	干货。呈圆柱形,单枝顺直,表面红棕色、棕黄色或灰棕色。皮细紧,有纵纹,斩去头尾,切口面整齐。质坚实、体重。断面黄白色,粉性足,味甜。长 25～50 厘米,顶端直径 1.5 厘米以上,间有黑心,无须根,杂质、虫蛀、霉变
	二等	顶端直径 1 厘米以上,其余要求同一等
	三等	顶端直径 0.7 厘米以上,其余要求同一等
	统货	顶端直径 0.7～4 厘米,其余要求同一等
甘草节	一等	干货。呈圆柱形,单枝条。表面红棕色、棕黄色或灰棕色。皮细,有纵纹。质坚实,体重。断面黄白色,粉性足,味甜。长 6 厘米以上,顶端直径 1.5 厘米以上。无须根,疙瘩、杂质、虫蛀、霉变
	二等	顶端直径 0.7 厘米以下,其余要求同一等
节甘草	统货	长 10 厘米以上,顶端直径 0.7～4 厘米,其余要求同一等
毛甘草	统货	干货。呈圆柱形弯曲的小草,去净残茎,不分长短。表面红棕色、棕黄色或灰棕色。断面黄白色。味甜。顶端直径 0.5 厘米以上,无杂质、虫蛀、霉变
甘草疙瘩头	统货	干货。系加工条草砍下的根头,呈疙瘩头状。去净残茎及须根,表面棕黄色或灰黄色。断面黄白色。味甜。大小长短不分,间有黑心,无杂质、虫蛀、霉变

二、质量标准

甘草的质量标准应符合《中华人民共和国药典》(第一部,2005 版)。

(一)性　状

1. 甘草　根呈圆柱形,长 25～100 厘米,直径 0.6～3.5 厘米。外皮松紧不一。表面红棕色或灰棕色。具显著的纵皱纹、沟纹、皮孔及稀疏的细根痕。质坚实,断面略呈纤维性,黄白色,粉性,形成层环明显,射线放射状,有的有裂隙。根茎呈圆柱形,表面有芽痕,断面中部有髓。气微,味甜而特殊。以外皮细紧、色红棕、质坚实、体重、断面黄白色、粉性足,味甜者为佳。

2. 胀果甘草　根及根茎木质粗壮,有的分枝,外皮粗糙,多灰棕色或灰褐色。质坚硬,木质纤维多,粉性小。根茎不定芽多而粗大。

3. 光果甘草　根及根茎质地较坚实,有的分枝,外皮不粗糙,多灰棕色,皮孔细而不明显。

(二)鉴　别

1. 本品横切面　木栓层为数列棕色细胞。栓内层较窄。韧皮部射线宽广,多弯曲,常现裂隙;纤维多成束,非木质化或微木质化,周围薄壁细胞常含草酸钙方晶;筛管群常因压缩而变形。束内形成层明显。木质部射线宽 3～5 列细胞;导管较多,直径约至 160 微米;木纤维成束,周围薄壁细胞亦含草酸钙方晶。根中心无髓,根茎中心有髓。

粉末淡棕黄色。纤维成束,直径 8～14 微米,壁厚,微木质化,周围薄壁细胞含草酸钙方晶,形成晶纤维。草酸钙方晶多见。具缘纹孔导管较大,稀有网纹导管。木栓细胞红棕色,多角形,微木质化。

2. 色谱鉴别 取本品粉末 1 克,加乙醚 40 毫升,加热回流 1 小时,滤过,药渣加甲醇 30 毫升,加热回流 1 小时,滤过,滤液蒸干,残渣加水 40 毫升使溶解,用正丁醇提取 3 次,每次 20 毫升,合并正丁醇液,用水洗涤 3 次,蒸干,残渣加甲醇 5 毫升使溶解,作为供试品溶液。另取甘草对照药材 1 克,同法制成对照药材溶液。再取甘草酸铵对照品,加甲醇制成每 1 毫升含 2 毫克的溶液,作为对照品溶液。照薄层色谱法试验,吸取上述 3 种溶液各 1～2 微升,分别点于同一用 1%氢氧化钠溶液制备的硅胶克薄层板上,以乙酸乙酯-甲酸-冰醋酸-水(15∶1∶1∶2)为展开剂,展开,取出,晾干,喷以 10%硫酸乙醇溶液,在 105℃加热至斑点显色清晰,置紫外光灯(365 纳米)下检视。供试品色谱中,在与对照药材色谱相应的位置上,显相同颜色的荧光斑点;在与对照品色谱相应的位置上,显相同的橙黄色荧光斑点。

(三)检　查

1. 水分 按照水分测定法测定,不得过 12%。

2. 总灰分 不得过 7%。

3. 酸不溶性灰分 不得过 2%。

4. 重金属及有害元素 按照铅、镉、砷、汞、铜测定法(原子吸收分光光度法或电感耦合等离子体质谱法)测定,铅不得过百万分之五;镉不得过千万分之三;砷不得过百万分之二;汞不得过千万分之二;铜不得过百万分之二十。

5. 有机氯农药残留量 按照农药残留量测定法(有机氯类农药残留量测定)测定,六六六(总 BHC)不得过千万分之二;滴滴涕(总 DDT)不得过千万分之二;五氯硝基苯(PCNB)不得过千万分之一。

(四)含量测定

1. 甘草酸 按照高效液相色谱法测定。本品按干燥品计算,含甘草酸($C_{42}H_{62}O_{16}$)不得少于 2%。

2. 甘草苷 按照高效液相色谱法测定。本品按干燥品计算,含甘草苷($C_{21}H_{22}O_{9}$)不得少于 1%。

附录一　直播甘草规范化种植标准操作规程(SOP)

1　范围

1.1　本规程规定了直播甘草规范化种植的产地环境、种子、种苗、选地整地、播种、田间管理、病虫防治、采收、加工、包装运输、贮藏等内容。

1.2　本规程适用于西北内陆绿洲农业地区直播甘草的规范化种植。

2　引用国家标准文件

2.1　《中华人民共和国药典》(一部):2005 年版,国家药典编委会编。

2.2　GB 3095—1996　国家环境空气质量标准

2.3　GB 5084—1992　农田灌溉水质标准

2.4　GB 15618—1995　土壤环境质量标准

2.5　GB 4285—1984　农药安全使用标准

2.6　NY/T 394—2000　生产绿色食品的肥料使用准则

2.7　NY/T 393—2000　生产绿色食品的农药使用准则

2.8　GB 5749—85　国家生活饮用水卫生标准

3　栽培种

甘草:为豆科甘草属植物乌拉尔甘草 *Glycyrrhiza uralensis* Fisch. 的干燥根和根茎。

4　产地环境

4.1　空气质量

符合 GB　3095—1996 中的二级标准。

4.2　用水质量

农田灌溉用水符合 GB　5084—1992 中的二级标准,初加工用水符合 GB 5749—85 标准。

4.3　土壤环境质量

甘草为多年生宿根性旱生植物，宜选用土层深厚、排水良好的砂质壤土栽植。土壤的酸碱度以中性或微碱性为好，pH 值 6.5～8.5，重盐碱地不宜种植。

4.4　气候

甘草喜日照时间长、降水量适宜、阳光充足、凉爽干燥的干旱半干旱气候。年平均气温为 4℃～10℃；≥10℃积温 2 800℃以上，以 3 000℃～3 500℃最为适宜；无霜期 120～230 天，年日照时数 2 800～3 500 小时；年降水量 80～500 毫米。

5　种子

5.1　选用豆科植物甘草属乌拉尔甘草（*Glycyrrhiza uralensis* Fisch.）种子。

5.2　种子的质量

5.2.1　种子来源：野生采集或栽培留种。

5.2.2　质量标准：千粒重 10～15 克，净度 95％以上，发芽率 85％以上，水分 12％以下，外观饱满，草绿色或浅褐色，无虫蛀病粒、碎粒。

5.2.3　种子分级标准（表 1）

表 1　甘草种子分级标准

等　级	千粒重（克）	净　度（％）	发芽率（％）	质量要求
1　级	≥15	≥95	≥85	无虫蛀、无碎粒
2　级	≥12.5	≥95	≥85	无虫蛀、无碎粒
3　级	≥10	≥95	≥85	无虫蛀、无碎粒
混等级	≥10～15	≥95	≥85	无虫蛀、无碎粒

5.3 种子选育

5.3.1 留种：留取4年生的乌拉尔甘草植株作种源。

5.3.2 种子采收

直播甘草第四年开花结实，6～7月间开花结果，9月份荚果成熟，选择生长势强、健壮植株留种。待果穗到黄褐色时将果穗采收，晾干、脱粒、过筛、分选、入库。

5.3.3 种子贮藏

待种子晒干至含水量12%以下后，贮藏在干燥、通风、避光仓库中，包装物以纸制品、麻制品、纤维制品为宜。确保种子呼吸，不可用塑料制品为包装物。

5.3.4 种子运输

在种子异地调运时，必须按国家植物种子检疫法通过检疫，保证受检病虫害不向异地蔓延。保证车辆清洁，不得有任何污染。

5.4 种子处理

甘草种子种皮坚硬，不透水，不透气，硬实率高，不易发芽，应通过破皮处理提高种子的发芽率。

5.4.1 碾米机碾撞处理法

利用离心式碾米机将种子按大小分成2～3级分别碾磨。碾磨时，要通过机械手段降低碾米机的转速，转速以1 500转/分钟为宜。碾磨的标准以划破种皮，但又不损伤子叶、种子不碎为最好。一般碾1～2遍，种皮微破即可，磨后筛去碎粒和杂质，发芽率可提高至80%以上。

5.4.2 硫酸处理法

每千克种子加入30毫升80%的浓硫酸，用木棒迅速搅拌均匀，使所有种子都粘上硫酸，在高于20℃的温度环境下浸种3～12小时，浸种过程中要每隔30分钟搅拌1次，使种子吸收外部热量基本一致，待大部分甘草种皮上有1～3个灼伤点后，反复用清水冲洗掉硫酸即可。硫酸处理法属静态处理法，对甘草种子胚芽及子叶的损伤小，处理后的种子发芽率可提高至85%以上。

6 选地与整地

6.1 选地

要符合4.1～4.3的要求。应力求选择土层深厚、肥沃、疏松透气、排水良好、地下水位1.5米以下，pH值8左右的沙地、草原、沙坨、河岸及荒漠与半荒漠环境中的砂质土壤。不宜选择土质黏重、重盐碱地及排水不良的地块。在大规模种植的情况下，应选择有利于实行机械化生产、集约化经营、规范化管理的地块。

6.2 整地

在种植甘草前一年秋季，应对选好的地块深耕1次，耕深不小于35厘米。在春播前再耙耱1次，为了便于灌溉，土地应整理成200～300平方米的小畦，小畦内更要精细整地，达到地平、土细、墒足，上虚下实的良好状态。播种前3～4天浇好“座水”，待能够作业时浅耙1次，严格掌握耙深，最深不能超过3厘米。为了保证苗期的土壤肥力供给，有条件的地区秋翻地时，可采用秋施肥技术，可每667平方米施厩肥或堆肥2 500千克，或每667平方米施磷酸氢二铵25～37.5千克。

7 播种

7.1 播种时间

甘草在4月下旬至8月上旬均可播种，但以4月下旬至5月中旬最为适宜，7月份以后播种的甘草当年光合产物积累量较少，抗寒能力较弱，小苗越冬能力不好。为确保出苗安全，使出苗期尽量避开晚霜危害。在墒情好或有水浇条件的地区,最好采用春播。早春播种要根据气候、地温灵活掌握,待气温稳定在25℃,地温上升到20℃以上时播种为好。水源充足的地区也可在麦后安排复种,但要适当加大播种量,冬前浇好越冬水,保证翌年甘草保苗在30 000株/667平方米以上。

7.2 播种量

甘草的播种量要根据适宜的保苗数,按种子的千粒重、发芽率及出苗率计算。公式为:播种量(千克)=每667平方米保苗数×千粒重(克)/ 发芽率(%)×出苗率(%)×1000×1000或播种量(千克)=每667平方米保苗数/每千克种子粒数×发芽率(%)×出苗率(%)

在甘肃河西地区,水肥条件匹配较好,生产水平较高。播种量控制在2.8~3.5千克/667平方米,使密度保证在3万~3.5万株/ 667平方米。覆沙播种可有效提高出苗率,适当减少播种量。

7.3 播种方式

7.3.1 播种方式选择:根据地形地貌、气候条件可灵活选用穴播、撒播、条播3种方式,在河西干旱荒漠区多采用条播。

7.3.2 苗床准备:准备播种甘草的地块可在播前5~6天浇水,为保持土壤湿度,应浅耙1次,耱1次。

7.3.3 人工播种:按行距25厘米开浅沟,沟深3~4厘米,将种子均匀撒入沟内,播种后覆沙2~3厘米,或覆土1~2厘米。

7.3.4 机械播种:在大面积生产中可用机械播种,一般用小麦播种机隔行播种或甘草专用播种机播种。播种前要试验调整播种量和播种深度,达到7.2和7.3.3的要求;播种时要注意机械的行驶速度，不宜过快。播种后耱1次，以掩埋种子。在土质黏重的地块上播种，可采用改进的肥料分层播种机播种，播种时在肥料箱中装上干净细沙，种子播后可一次性覆沙0.8～1厘米。

播种后根据墒情和土壤类型浇水补墒，一般7～12天出苗。沙性无盐碱或轻度盐碱土壤可在播后浇水。

8 田间管理

8.1 间苗定苗

直播甘草地出苗后要视苗情进行间苗，拔除弱苗、病苗，留取壮苗、大苗。一般间苗1次，在幼苗长出4～6片真叶、苗高3～5厘米时，按株距5～10厘米间苗定苗，每667平方米留苗3万～3.5万株。对于达不到留苗密度的要适当补种。

8.2 中耕除草

甘草从播种到幼苗封垄是杂草危害最为严重的时期，此时幼苗生长慢，杂草对幼苗影响大，应及时安排除草和中耕。要求锄早、锄小、锄了。避免杂草与甘草争肥水，影响甘草产量。

8.2.1 人工或机械除草

一般在甘草幼苗期灌头水后6～10天及时中耕除草1次，此后视杂草生长情况安排除草1～2次，可使杂草得到有效控制。也可用中耕机或中耕器进行除草和中耕。

8.2.2 除草剂除草

甘草田间可选用适用于豆科类作物田的除草剂进行除草。

8.2.2.1 播前预防

有宿根性杂草的地块要在前一年秋季用草甘膦进行防除。播种前5～7天，每667平方米用48%仲丁灵乳油150～

200 毫升拌沙撒施，结合播前耙耱形成 3 厘米的毒土层，土壤含水量要达到 5%以上，可防止禾本科杂草和小种子杂草的出土。

8.2.2.2 苗前除草

播后幼苗出土前根据杂草出土情况，在出苗前 3 天每 667 平方米用 20%克无踪水剂 30～50 毫升喷雾 1 次，以杀死早春杂草。

8.2.2.3 苗期除草

幼苗出土后至封垄期根据杂草出土和生长情况，在杂草 2～6 片真叶时，每 667 平方米用 10%普净乳油或 20%拿捕净乳油喷雾 2～3 次杀死禾本科杂草。

8.3 灌溉和排水

甘草苗期需要一定量的水分，应保持土壤湿润。若出苗前后久旱不雨要及时浇水，避免幼苗旱死。不考虑雨水补充，直播甘草第一年需浇水 5～6 次，第二年、第三年需浇水 4～5 次，每次浇水量为 60 立方米/667 平方米。越冬甘草要在 12 月初浇好越冬水。小畦必须平整，防止灌溉时出现漏灌和积水。若渗水性稍差，进入雨季还要搞好田间排水，防止造成烂根死亡。

8.4 施肥

8.4.1 基肥

使用适宜的肥料，可提高甘草产量。结合翻地或春季耙地每 667 平方米施用磷酸氢二铵 25 千克，硫酸钾 20 千克做基肥。有条件的种植户施 3 000 千克/667 平方米腐熟的农家肥效果更好。

8.4.2 追肥

直播甘草在分枝期到封垄期（甘草 6～10 片真叶，苗高

10厘米左右)结合浇水,每667平方米追施15～20千克尿素,促进甘草苗尽快封垄;第二年早春结合中耕追施20千克过磷酸钙、15千克磷酸氢二铵;也可在早春尚未解冻,甘草萌发前用播肥机播施。第三年一般不再考虑追肥。

8.4.3 叶面施肥

在甘草的生长期视需要可在叶面喷施0.4%精肥王、植物动力2003 1 000倍液、钾天下200倍液等植物生长调节剂,促进甘草生长,增产增收。

9 病虫害防治

9.1 病害

选择使用高效低残留的适宜农药,有效控制病害,使农药残留不超过规定指标。

9.1.1 褐斑病

褐斑病叶片上病斑圆形或不规则形,直径1～3毫米,中心部位黑褐色,边缘褐色,病斑正反两面均有灰黑色霉状物的病原体孢子,多发生在6～8月份的高温、高湿季节。

防治方法:发病初期用65%代森锰锌可湿性粉剂100倍液或70%甲基托布津可湿性粉剂100倍液喷雾1～2次;同时剪除发病植株的茎叶,在距甘草田较远处进行焚烧处理或深层掩埋。

9.1.2 锈病

感染锈病的甘草叶背面产生黄褐色疱状病斑,表皮破裂后散发出褐色粉末,这是病原体的夏孢子堆,8～9月份形成黑褐色的冬孢子堆,从而导致叶片枯黄脱落。

防治方法:清除发病残株及周围的植株,在距甘草田较远处进行焚烧或深层掩埋处理。发病初期用20%粉锈宁可湿性粉剂2 000倍液或97%敌锈钠可湿性粉剂200～300倍液喷雾防治，同时要注意破坏病原体喜高温、高湿的环境。

9.2　虫害

在甘草的整个生长发育过程中，都有害虫发生，但以甘草叶甲（跗粗毛萤叶甲）的为害最为严重。甘草叶甲有群居的习性，成虫具有短距离飞行的能力，在每年的4～9月份气温高的季节频繁活动，以幼虫取食新叶叶肉，使叶片丧失光合作用为害甘草。严重的地块甘草叶片全被吃光，只剩茎秆和叶脉，而后成虫迅速转移为害其他地块甘草，若不及时防治将给甘草带来毁灭性的损失。

防治方法：每年4月下旬至9月底密切关注叶甲活动情况，虫发初期在集中连片的基地上选用90%的敌百虫晶体1 000倍液，或80%敌敌畏乳油1 000倍液，或2.5%的溴氰菊酯乳油2 000～3 000倍液在上午11时前喷雾，效果较好，可使叶甲得到有效控制。

10　采收和加工

10.1　种子采收

4年生甘草开花结实，采收应在荚果内种子成熟时最好。采收的方法见本规程5.3.2。

10.2　根茎采挖

10.2.1　采挖的时间

直播甘草2～4年内采收根茎，以3年生甘草的产值最高。每年采收以秋季茎叶枯萎后为最好，此时收获的甘草根质坚体重，粉性足，甜味浓。也可在春季解冻之后、发芽之前采挖。

10.2.2　采挖方法

10.2.2.1　人工采挖

顺行距方向开挖50厘米的深沟，使甘草根露出土层，拔出抖净泥土堆成堆即可。采挖时尽量不刨断根,不伤根皮。

10.2.2.2　机械采挖

大面积种植的甘草可用甘草专用犁采挖,采挖 40～50 厘米为宜,可挖出 90%以上的根系。

10.3　初加工

10.3.1　加工方法　商品甘草的加工方法为:将挖出的甘草去掉泥土、然后用刀把甘草根的根头切下,按主根、侧根、须根、尾部分别剪下晾晒,半干时,再按不同等级捆成小捆,晒至全干,即成甘草成品。折干率为 2∶1 左右。

11　包装运输及贮藏

11.1　包装

11.1.1　包装材料　采用无毒的包装材料制成的包装物。

11.1.2　包装规格　按照客户要求采用不同规格包装。

11.1.3　包装方法　箱装、袋装等。

11.1.4　包装记录及注意事项　包装前应再次检查,清除劣质品及异物,包装应对种植产品名称、等级、批号、产地、规格、重量、生产日期、质检员等做好记录。

11.2　运输

11.2.1　运输工具及注意事项　运输时不应与其他有毒、有害物质混装;要有较好通气性,以保持干燥;遇阴雨天,应严密防潮。运输车辆必须清洁,搬运工人必须着工作服。

11.3　贮藏

11.3.1　贮藏库要求　甘草贮藏库应注意通风、干燥、避光,最好有空调除湿设备。

11.3.2　贮藏库的消毒　甘草贮藏其地面为混凝土或可冲洗的地面,并具有防腐、防鼠措施。

11.3.3　贮藏方法　药材包装好，应存放在货架上，与墙壁保持60～70厘米距离，定期抽查防止虫蛀、霉变。

12　质量管理

12.1　质检部门

质量检测部门主要负责甘草生产过程的质量管理和检验。具体包括环境监测、卫生管理、生产资料、成品、包装材料及批包装的检验。

12.2　质检人员的职责

甘草包装前与包装后，质量保证部门都应抽检样品，每批按件数的5%比例随机抽检。

12.3　质检项目

依据《中华人民共和国药典》(第一部，2005版)、企业标准或购销合同规定的标准进行质量检测，检测项目一般包括：甘草性状、杂质、水分、灰分、浸出物(或标准提取物)、含酸量、农药残留、重金属等限量以及卫生学检查；检测报告由检测人签章，质管部门负责人签字，不合格的产品不得出厂和销售。

13　文件管理

甘草生产全过程均应详细记录，包括种子来源、生产技术与过程，播种(播种时间、播种量及播种面积)、肥料(肥料种类、肥料施用时间、肥料施用量、肥料施用方法)、农药(包括杀虫剂、杀菌剂及除莠剂的种类、农药施用量、农药施用时间等)；采收(采收时间、采收量、鲜重)、加工、干燥、产量(干燥减重)、运输、贮藏等；气象资料及小气候的记录等；药材的品质评价；药材性状及各项检测的结果，所有原始材料必须存档，必要时各项记录附照片及图像。

所有生产计划、执行情况、合同、协议书等均应存档，档案资料配有专人保管，所有档案至少保存5年。

附录二　中药材生产质量管理规范(试行)

2002 年 3 月 18 日经国家药品监督管理局局务会审议通过。本规定自 2002 年 6 月 1 日起施行。

第一章　总　则

第一条　为规范中药材生产,保证中药材质量,促进中药标准化、现代化,制定本规范。

第二条　本规范是中药材生产和质量管理的基本准则,适用于中药材生产企业(以下简称生产企业)生产中药材(含植物、动物药)的全过程。

第三条　生产企业应运用规范化管理和质量监控手段,保护野生药材资源和生态环境,坚持"最大持续产量"原则,实现资源的可持续利用。

第二章　产地生态环境

第四条　生产企业应按中药材产地适宜性优化原则,因地制宜,合理布局。

第五条　中药材产地的环境应符合国家相应标准:空气应符合大气环境质量二级标准;土壤应符合土壤质量二级标准,灌溉水应符合农田灌溉水质量标准;药用动物饮水应符合生活饮用水质量标准。

第六条　药用动物养殖企业应满足动物种群对生态因子的需求及与生活、繁殖等相适应的条件。

第三章 种质和繁殖材料

第七条 对养殖、栽培或野生采集的药用动植物，应准确鉴定其物种，应包括亚种、变种或品种，记录其中文名及学名。

第八条 种子、菌种和繁殖材料在生产、贮运过程中应实行检验和检疫制度以保证质量和防止病虫害及杂草的传播；防止伪劣种子、菌种和繁殖材料的交易与传播。

第九条 应按动物习性进行药用动物的引种及驯化。捕捉和运输时应避免动物机体和精神损伤。引种动物必须严格检疫，并进行一定时间的隔离、观察。

第十条 加强中药材良种选育、配种工作，建立良种繁育基地，保护药用动植物种质资源。

第四章 栽培与养殖管理

第一节 药用植物栽培管理

第十一条 根据药用植物生长发育要求，确定栽培适宜区域，并制定相应的种植规程。

第十二条 根据药用植物的营养特点及土壤的供肥能力确定肥料种类、时间和数量，施用肥料的种类以有机肥为主，根据不同药用植物物种生长发育的需要有限度地使用化学肥料。

第十三条 允许施用经充分腐熟达到无害化卫生标准的农家肥。禁止施用城市生活垃圾、工业垃圾及医院垃圾和粪便。

第十四条 根据药用植物不同生长发育时期的需水规律及气候条件、土壤水分状况，适时、合理灌溉和排水，保持土壤的良好通气条件。

第十五条 根据药用植物生长发育特性和不同的药用部位,加强田间管理,及时采取打顶、摘蕾、整枝修剪、覆盖遮阴等栽培措施,调控植株生长发育,提高药材质量,保持质量稳定。

第十六条 药用植物病虫害的防治应采取综合防治策略。如必须施用农药时,应按照《中华人民共和国农药管理条例》的规定,采用最小有效剂量并选用高效、低毒、低残留农药,以降低农药残留和重金属污染,保护生态环境。

第二节 药用动物养殖管理

第十七条 根据药用动物生存环境、食性、行为等特点及对环境的适应能力等,确定相应的养殖方式和方法,制定相应的养殖规程和管理制度。

第十八条 根据药用动物的季节活动、昼夜活动规律及不同生长周期和生理特点,科学配制饲料,定时定量投喂。适时适量地补充精料、维生素、矿物质及其他必要的添加剂,不得添加激素、类激素等添加剂。饲料及添加剂应无污染。

第十九条 药用动物养殖应视季节、气温、通气等情况,确定给水的时间及次数。草食动物应尽可能通过多食青绿多汁的饲料补充水分。

第二十条 根据药用动物栖息、行为等特性,建造具有一定空间的固定场所及必要的安全设施。

第二十一条 养殖环境应保持清洁卫生,建立消毒制度,并选用适当消毒剂对动物的生活场所、设备等进行定期消毒。加强对进入养殖场所人员的管理。

第二十二条 药用动物的疫病防治,应以预防为主,定期接种疫苗。

第二十三条　合理划分养殖区，对群饲药用动物要有适当密度。发现患病动物，应及时隔离。患传染病的动物应处死、火化或深埋。

第二十四条　根据养殖计划和育种需要，确定动物群的组成与结构，适时周转。

第二十五条　禁止将中毒、感染疫病的药用动物加工成中药材。

第五章　采收与初加工

第二十六条　野生或半野生药用动植物的采集应坚持"最大持续量"原则，应有计划地进行野生抚育、轮采与封育，以利于生物的繁衍与资源的更新。

第二十七条　根据产品质量及植物单位面积产量或动物养殖数量，并参考传统采收经验等因素确定适宜的采收时间（包括采收期、采收年限）和方法。

第二十八条　采收机械、器具应保持清洁、无污染，存放在无虫、鼠害和畜禽的干燥场所。

第二十九条　采收及初加工过程中应尽可能排出非药用部分及异物，特别是杂草及有毒物质，剔除破损、腐烂变质的部分。

第三十条　药用部分采收后，经过拣选、清洗、切制或修整等适宜的加工，需干燥的应采用适宜的方法和技术迅速干燥，并控制温度和湿度，使中药材不受污染，有效成分不被破坏。

第三十一条　鲜用药材可采用冷藏、沙藏、罐贮、生物保鲜等适宜的保鲜方法，尽可能不使用保鲜剂和防腐剂。如必须使用时，应符合国家对食品添加剂的有关规定。

第三十二条 加工场地应清洁、通风、具有遮阳、防雨和防鼠、虫及禽畜的设施。

第三十三条 地道药材应按传统方法进行加工。如有改动，应提供充分试验数据，不得影响药材质量。

第六章 包装、运输与贮藏

第三十四条 包装前再次检查并清除劣质品及异物。包装应按标准操作规程操作，并有批量包装记录，其内容应包括品名、规格、产地，批号、重量、包装工号、包装日期等。

第三十五条 所使用的包装材料应是无污染、清洁、干燥、无破损，并符合药材质量要求。

第三十六条 在每件药材包装上，应注明品名、规格、产地、批号、包装日期、生产单位，并附有质量合格的标志。

第三十七条 易破碎的药材应装在坚固的箱盒内；毒性、麻醉性、贵重药材应使用特殊包装，并应贴上相应的标记。

第三十八条 药材批量运输时，不应与其他有毒、有害、易串味物质混装。运载容器应具有较好的通气性，以保持干燥，并应有防潮措施，并具有防鼠、虫、禽畜的措施。地面应整洁、无缝隙、易清洁。

第三十九条 药材应存放在货架上，与墙壁保持足够距离，防止虫蛀、霉变、腐烂、泛油等现象发生，并定期检查。

在应用传统贮藏方法的同时，应注意选用现代贮藏保管新技术、新设备。

第七章 质量管理

第四十条 生产企业应设有质量管理部门，负责中药材生产全过程的监督管理和质量监控，并应配备与药材生产规模、品种检验要求相适应的人员、场所、仪器和设备。

第四十一条 质量管理部门的主要职责

（一）负责环境监测，卫生管理。

（二）负责生产资料、包装材料及药材的检验，并出具检验报告。

（三）负责制定培训计划，并监督实施。

（四）负责制定和管理质量文件，并对生产、包装、检验等各种原始记录进行管理。

第四十二条 药材包装前，质量检验部门应对每批药材，按中药材国家标准或经审核批准的中药材标准进行检验。检验项目应至少包括药材性状与鉴别、杂质、水分、灰分与酸不溶性灰分、浸出物、指标性成分或有效成分含量。农药残留量、重金属及微生物限度均应符合国家标准和有关规定。

第四十三条 检验报告应由检验人员、质量检验部门负责人签章。检验报告存档。

第四十四条 不合格的中药材不得出场和销售。

第八章 人员和设备

第四十五条 生产企业的技术负责人应有药学或农学、畜牧学等相关专业的大专以上学历，并有药材生产实践经验。

第四十六条 质量管理部门负责人应有大专以上学历，并有药材质量管理经验。

第四十七条 从事中药材生产的人员均应具有基本的中药学、农学或畜牧学常识，并经生产技术、安全及卫生学知识培训。从事田间工作的人员应熟悉栽培技术，特别是农药的施用及防护技术；从事养殖的人员应熟悉养殖技术。

第四十八条　从事加工、包装、检验人员应定期进行健康检查，患有传染病、皮肤病或外伤性疾病等不得从事直接接触药材的工作。生产企业应配备专人负责环境卫生及个人卫生检查。

第四十九条　对从事中药材生产的有关人员应按本规范要求，定期培训与考核。

第五十条　中药材产地应设有厕所或盥洗室，排出物不应对环境及产品造成污染。

第五十一条　生产企业生产和检验用的仪器、仪表、量具、衡器等其适用范围和精密度应符合生产和检验的要求，有明显的状态标志，并定期校验。

第九章　文件管理

第五十二条　生产企业应有生产管理、质量管理等标准操作规程。

第五十三条　每种中药材的生产全过程均应详细记录，必要时可附照片或图像。记录应包括：

(一)种子、菌种和繁殖材料的来源。

(二)生产技术与过程：

1.药用植物播种的时间、数量及面积；育苗、移栽以及肥料的种类、施用时间、施用量、施用方法；农药中包括杀虫剂、杀菌剂及除莠剂的种类、施用量、施用时间和方法等。

2.药用动物养殖日志、周转计划、选配种记录、产仔或产卵记录、病例病志、死亡报告书、死亡登记表、检免疫统计表、饲料配合表、饲料消耗记录、系谱登记表、后裔鉴定表等。

3.药用部分的采收时间、采收量、鲜重和加工、干燥、干燥减重、运输、贮藏等。

4.气象资料及小气候的记录等。

5.药材的质量评价:药材性状及各项检测的记录。

第五十四条 所有原始记录、生产计划及执行情况、合同及协议书等均应存档,至少保存5年。档案资料应有专人保管。

第十章 附 则

第五十五条 本规范所用术语:

(一)中药材 指药用植物、动物的药用部分采收后经产地初加工形成的原料药材。

(二)中药材生产企业 指具有一定规模、按一定程序进行药用植物栽培或动物养殖、药材初加工、包装、贮存等生产过程的单位。

(三)最大持续产量 即不危害生态环境,可持续生产(采收)的最大产量。

(四)道地药材 传统中药材中具有特定的种质、特定的产区或特定的生产技术和加工方法所生产的中药材。

(五)种子、菌种和繁殖材料 植物(含菌物)可供繁殖用的器官、组织、细胞等,菌物的菌丝、子实体等,动物的种物、仔、卵等。

(六)病虫害综合防治 从生物与环境整体观点出发,本着预防为主的指导思想和安全、有效、经济、简便的原则,因地制宜,合理运用生物的、农业的、化学的方法及其他有效生态手段,把病虫的危害控制在经济阈值以下,以达到提高经济效益和生态效益之目的。

(七)半野生药用动植物 指野生或逸为野生的药用动植物辅以适当人工抚育和中耕、除草、施肥或喂料等管理的动植物种群。

第五十六条 本规范由国家药品监督管理局负责解释。

第五十七条 本规范自二〇〇二年六月一日起施行。

附录三　药用植物及制剂进出口绿色行业标准

中华人民共和国对外贸易经济合作部公告

（2001 年第 4 号）

前言

《药用植物及制剂进出口绿色行业标准》是中华人民共和国对外经济贸易活动中，药用植物及其制剂进出口的重要质量标准之一，适用于药用植物原料及制剂的进出口品质检验。

本标准第四章为强制性内容，其余部分为推荐性内容。

本标准自 2001 年 7 月 1 日实施。

本标准由中国医药保健品进出口商会负责解释。

本标准由中国医药保健品进出口商会、中国医学科学院药用植物研究所、北京大学公共卫生学院、中国药品生物制品检定所、天津达仁堂制药厂负责起草。

本标准主要起草人：关立忠、陈建民、张宝旭、高天兵、徐晓阳。

1　范围

本标准规定了药用植物及制剂的绿色品质标准，包括药用植物原料、饮片、提取物及其制剂等的质量标准及检验方法。

本标准适用于药用植物原料及制剂的进出口品质检验。

2　术语

2.1　绿色药用植物及制剂

系指经检测符合特定标准的药用植物及其制剂。经专门机构认定，许可使用绿色标志。

2.2　植物药

系指用于医疗、保健目的的植物原料和植物提取物。

2.3　植物药制剂

系指经初步加工，以及提取纯化植物原料而成的制剂。

3　引用标准

下列标准包含的条文，通过本标准中可引用而构成本标准的条文。本标准出版时，所示版本均为有效。所有标准都会被修订，使用本标准的各方应探讨使用下列最新版本的可能性。

3.1　《中华人民共和国药典》2000 版一部：附录　IXE 重金属检测方法

3.2　GB/T5009.12—1996　食品中铅的检测方法(原子吸收光谱法)

3.3　GB/T5009.15—1996　食品中镉的测定方法(原子吸收光谱法)

3.4　GB/T5009.17—1996　食品中总汞的测定方法(冷原子吸收光谱法)(测汞仪法)

3.5　GB/T5009.13—1996　食品中铜的测定方法(原子吸收光谱法)

3.6　GB/T5009.11—1996　食品中总砷的测定方法

3.7　SN 0339—1995　出口茶叶中黄曲霉毒素 B_1 的检验方法

3.8　《中华人民共和国药典》2000 版一部：附录 IXQ 有机氯农药残留量测定法(附录 60)

3.9　《中华人民共和国药典》2000 版一部：附录 XIIIC 微生物限度检查法

4 限量指标

4.1 重金属及砷盐

4.1.1 重金属总量 ≤20.0mg/kg

4.1.2 铅(Pb) ≤5.0mg/kg

4.1.3 镉(Cd) ≤0.3mg/kg

4.1.4 汞(Hg) ≤0.2mg/kg

4.1.5 铜(Cu) ≤20.0mg/kg

4.1.6 砷(As) ≤2.0mg/kg

4.2 黄曲霉毒素含量

4.2.1 黄曲霉毒素 B_1(Aflatoxin) ≤5ug/kg(暂定)

4.3 农药残留量

4.3.1 六六六(BHC) ≤0.1mg/kg

4.3.2 DDT ≤0.1mg/kg

4.3.3 五氯硝基苯(PCNB) ≤0.1mg/kg

4.3.4 艾氏剂(Aldrin) ≤0.02mg/kg

4.4 微生物限度:个/克,个/毫升

参照《中华人民共和国药典》(2000 年版)规定执行(注射剂除外)。

4.5 除以上标准外,其他质量应符合《中华人民共和国药典》(2000 年版一部)规定。

5 检测方法

5.1 指标检验

5.1.1 重金属总量:《中华人民共和国药典》2000 版一部:附录 IXE 重金属检测方法

5.1.2 铅:GB/T5009.12—1996 食品中铅的检测方法(原子吸收光谱法)

5.1.3 镉:GB/T5009.15—1196 食品中镉的测定方

法(原子吸收光谱法)

5.1.4 总汞:GB/T5009.17—1996 食品中总汞的测定方法(冷原子吸收光谱法)(测汞仪法)

5.1.5 铜:GB/T5009.13—1996 食品中铜的测定方法(原子吸收光谱法)

5.1.6 总砷:GB/T5009.11—1996 食品中总砷的测定方法

5.1.7 黄曲霉毒素 B_1(暂定):SN 0339—95 出口茶叶中黄曲霉毒素 B_1 的检验方法

5.1.8 《中华人民共和国药典》2000 版一部:附录 IXQ 有机氯农药残留量测定法(附录 60)

5.1.9 《中华人民共和国药典》2000 版一部:附录 XIIIC 微生物限度检查法

5.2 其他理化检验

5.2.1 按《中华人民共和国药典》(2000 版一部)规定执行。

6 检测规则

6.1 进出口产品需按本标准经指定检验机构检验合格后,方可申请使用药用植物及制剂进出口绿色标志。

6.2 交收检验

6.2.1 交收检验取样方法及取样量参照《中华人民共和国药典》(2000 年版)有关规定执行。

6.2.2 交收检验项目,除上述标准指标外,还要检验理化指标(如要求)。

6.3 型式检验

6.3.1 对企业常年进出口的品牌产品和地产植物药材经指定检验机构化验,在规定的时间内药品质量稳定又有规范的药品品质保证体系，型式检验每半(壹)年进行一次，有下列情况之一，应进行复检。

A. 更改原料产地；

B. 配方及工艺有较大变化时；

C. 产品长期停产或停止出口后，恢复生产或出口时；

6.3.2 型式检验项目及取样同交收检验。

6.4 判定原则

检验结果全部符合本标准者，为绿色标准产品。否则，在该批次中抽取两份样品复验一次。若复验结果仍有一项不符合本标准规定，则判定该批产品为不符合绿色标准产品。

6.5 检验仲裁

对检验结果发生争议，由中国进出口商品检验技术研究所或中国药品生物制品检定所进行检验仲裁。

7 包装、标志、运输和贮存

7.1 包装容器应该用干燥、清洁、无异味以及不影响品质的材料制成。包装要牢固、密封、防潮，能保护品质。包装材料应易回收、易降解。

7.2 标志

产品标签使用中国药用植物及制剂进出口绿色标志，具体执行应遵照中国医药保健品进出口商会有关规定。

7.3 运输

运输工具必须清洁、干燥、无异味、无污染，运输中应防雨、防潮、防曝晒、防污染，严禁与可能污染其品质的货物混装运输。

7.4 贮存

产品应贮存在清洁，干燥、阴凉、通风、无异味的专用仓库中。

主要参考文献

1　乔世英,成树春,王志本．中国甘草[M]. 北京:中国农业科学技术出版社,2004

2　赵亚会,司方方,尤伟等．无公害甘草标准化生产[M]. 北京:中国农业出版社,2006

3　农业部农民科技教育培训中心,中央农业广播电视学校组编．药用植物规范化生产与产业化开发新技术[M]. 北京:中国农业出版社,2006

4　何兰．名贵中药材绿色栽培技术—枸杞 甘草[M]. 北京:科学技术出版社,2004

5　张国荣,赵辉．甘草 麻黄开发应用技术[M]. 银川:宁夏人民出版社,2001

6　周成明,李刚等．甘草栽培百问百答[M]. 北京:中国农业出版社,2005

7　徐兆春．甘草栽培与贮藏加工新技术[M]. 北京:中国农业出版社,2005

8　丁万隆,魏建和．黄芪-甘草-麻黄栽培技术[M]. 北京:中国农业出版社,2001

9　周成明．80 种常用中草药栽培[M]. 北京:中国农业出版社,2002

10　刘春生．短周期中药材栽培技术[M]. 北京:中国农业出版社,2001

11　谢凤勋．中草药栽培实用技术[M]. 北京:中国农业出版社,2002: 182～185

12　黄跃进,江文,李兴军．根、根茎类中药材植物种植技术[M]. 北京:中国林业出版社,2001

13　王孝涛,程明,蒙光容．简明中药饮片炮制与应用[M]. 北京:金盾出版社

14　周成明,张成文,蔻玉峰等．80 种常用中草药栽培提取 营销[M]. 北京:中国农业出版社,2003

15　肖培根,杨世林主编．药用动植物种养加工技术(36)-甘草[M]. 北京:中国中医药出版社,2001

16　赵渤．药用植物栽培采收与加工[M]. 北京:中国农业出版社,2000

17　王立,李家恒．中国甘草属植物研究进展[J]. 草业科学, 1999,16(4):28～31

18　李学禹,陆源芬．甘草人工栽培技术的研究．石河子农学院学报[J],1986,6(1):71～763

19　崔国盈,赵桂林,杨启元等．新疆甘草资源的分布及其开发利用[J]. 草食家畜,1999(2):40～424

20　王立,李家恒．西北地区甘草人工栽培技术体系的研究[J]. 林业科学,1999,35(1):129～1326

21　阿迪亚,孙奎．不同处理方法对甘草种子发芽的影响[J]. 中国草地,1996(1):807

22　陶毓汾．旱农地区甘草人工栽培播种期的研究[J]. 北京:中国农业气象,1996,17(4):15～178

23　王锁贵,贺牡丹等．灌溉施肥与甘草产量[J]. 中药材,1998,21(4):168～1699

24　田茂忠,李风岭,孙子亮等．盐碱地甘草栽培技术[J]. 中草药,1996,27(3):175～177

25　李彩功,瞿文双,刘玉文等．酒泉地区甘草栽培技术

要点[J]. 兰州:甘肃农业科技,1994,3:10

26 安力. 河西沙区甘草资源的保护与发展[J],兰州:甘肃林业科技 1997,(1):30~35

27 樊胜岳,马永欢,周立华. 甘肃民勤绿洲近年来生态治理政策在农户中的响应[J]. 中国沙漠,2005,25(3):397~402

28 王照兰,杜建材,于林青. 甘草的利用价值 研究现状及存在问题[J]. 中国草地,2002,24(1):73~76

29 Yan P, Li JW, Zeng LY. Effect of salt and drought stress on antioxidant enzymes activities and SOD isoenzymes of liquorice (Glycyrrhizin uralensis Fisch) [J]. Plant Growth Regulation. 2006,49(2,3):157~165

30 漆燕玲,柴胡. 甘草无公害栽培技术[M]. 兰州:甘肃科学技术出版社,2004

31 刘长利,王文全,李帅英等. 干旱胁迫对甘草生长的影响[J]. 中国中药杂志,2004,29(10):931~934

32 李明,张清云,蒋齐. 氮磷钾互作效应对甘草酸含量影响的初步研究[J]. 西北农业学报. 2006,15(4):117~121

33 Liu JN, Wu LJ, Wei SL, et al. Effects of arbuscular mycorrhizal fungi on the growth, nutrient uptake and glycyrrhiz inproduction of licorice (Glycyrrhiza uralensis fish)[J]. Plant Growth Regulation. 2007,52(1):29~39

34 傅克沿. 中国栽培甘草实生根质量研究[J]. 植物学报,1974,16(4):304~310

35 中华人民共和国药典(2005 年第一部)[S]. 国家药典委员会编. 北京:化学工业出版社,2005:59~60

36 雍家先. 论干旱地区甘草资源的保护与利用[J].

干旱区资源与环境 ,1993 ,7(3,4):370～371

37 李新成,邓丘宏．甘草主要害虫及其天敌研究[J]. 中药材,1993 ,16(8) :3～5

38 郭江平,李文华,木巴里克等．乌拉尔甘草大面积人工种植试验初报[J]. 干旱地区农业研究,2000,18(4):133～136

39 孟少童,李广宇．乌拉尔甘草人工栽培技术[J]. 甘肃林业科技,2001,26(4):58～63